La perrita Blackie celebraba la fantasía que hay en el conocimiento:
antes de descubrir algo, decía, hay que deleitarse imaginándolo.

Mirabilis

ERSILIA VAUDO es astrofísica, y desde 1991 trabaja en la Agencia Espacial Europea (ESA), como Directora de Diversidad y Asesora Especial.

Durante su larga carrera en la ESA ocupó varios puestos, entre otros, en relaciones internacionales y elaboración de estrategias de alto nivel. Fue también Secretaria Ejecutiva del Grupo Asesor de Ciencia y Tecnología en Exploración, y trabajó cuatro años en la oficina de la ESA en Washington asegurando las relaciones con la NASA en EE.UU. y Canadá.

Desde abril de 2020 forma parte del grupo de trabajo «12 mujeres para un nuevo renacimiento» establecido por el Ministro italiano de Igualdad de Oportunidades y Familia. Es vicepresidenta de Eurisy, una asociación sin ánimo de lucro que agrupa a 30 agencias espaciales europeas, cuyo objetivo es promover la relación entre el espacio y la sociedad. En septiembre de 2021 fue incluida entre las 50 mujeres más influyentes de Italia.

Ersilia es presidenta y cofundadora de la asociación Il Cielo itinerante, que promueve la alfabetización STEM y lleva la ciencia allí donde no suele llegar, a zonas de alta pobreza educativa.

ERSILIA VAUDO

Mirabilis
Cinco intuiciones que han revolucionado
nuestra concepción del universo

BLACKIE BOOKS
227

Traducción de Francisco J. Ramos Mena

Título original: *Mirabilis*

Diseño de cubierta: Luis Paadin
© de la fotografía de la autora: Triennale Milano - Gianluca Di Loia

© Giulio Einaudi Editore, 2023
Publicado con el acuerdo de Ersilia Vaudo a través la agencia Alferj
e Prestia y la coagencia The Ella Sher Literary Agency
© de la traducción: Francisco J. Ramos, 2025
Questo libro è stato tradotto grazie a un contributo del Ministero
degli Affari Esteri e della Cooperazione Internazionale italiano.
Este libro ha sido traducido gracias a una subvención del Ministerio
italiano de Asuntos Exteriores y de la Cooperación Internacional.
© de la edición: Blackie Books S.L.
Calle Església, 4-10
08024, Barcelona
www.blackiebooks.org
info@blackiebooks.org

Maquetación: David Anglès
Impresión: Liberdúplex
Impreso en España

Primera edición: febrero de 2025
ISBN: 978-84-10323-21-6
Depósito legal: B 19733-2024

MIXTO
Papel | Apoyando la
silvicultura responsable
FSC® C109440

A Francesco y Caterina

Índice

o

Sacudidas de lo real

En la Luna había una cara oculta en la que nadie se había posado jamás. Ahora ya no.

El 3 de enero de 2019, el «Conejo de Jade» —Yutu-2, el *rover* de la misión china Chang'e 4— rompió el hechizo al alunizar y fotografiar de cerca aquel mundo solitario y gris: *The Dark Side of the Moon*.

En la escuela primaria me lo explicaban así: debido a una sofisticada sincronía cósmica, la Luna, a la vez que realiza una rotación íntegra sobre sí misma, también completa una vuelta entera alrededor de la Tierra. No importa desde qué parte del mundo alcemos los ojos: la que vemos es siempre y únicamente una misma cara. Por entonces yo no podía captar las implicaciones mecánicas, pero de entrada aquella fría y compleja precisión me parecía deliberada: el artificio de un mundo oculto, un lugar mágico y privado tras una eterna fachada ora oscura, ora brillante.

Así empezó, con la llegada del Yutu-2 y el adiós de un misterio que echaré de menos, el año en que se celebró el quincuagésimo aniversario del primer alunizaje.

El 21 de julio de 1969, Neil Armstrong se convirtió en el primer hombre que desembarcaba en nuestro único satélite. Poco después se le unió Buzz Aldrin, y juntos pasearon por el Mar de la Tranquilidad durante un breve tiempo, o acaso un tiempo larguísimo para tratarse de un espacio extraterrestre: dos horas, treinta y un minutos, y cuarenta segundos.

Cuando Armstrong puso el pie en la polvorienta superficie lunar, la Tierra contuvo el aliento: seiscientos millones de personas, en aquel momento una quinta parte de la humanidad, inmóviles ante aquellas imágenes en blanco y negro, tratando de comprender absortas la magnitud, o siquiera la realidad, de aquel extraordinario momento.

Cruzar esa frontera abstracta entre nosotros y otros mundos generó un cambio irreversible con respecto a la presencia humana en el cosmos. Sin embargo, aquella huella y aquel paseo supusieron un logro tan singular, una emoción tan intensa, que permanecen cristalizados en el tiempo. Aparte de Armstrong y Aldrin, pocos conocen los nombres de los astronautas que luego han estado en la Luna, cuántos han sido en total o a quién pertenece la última huella.

Desde que Eugene Cernan abandonara el suelo lunar en 1972 nadie ha vuelto allí. Lo que parecía el comienzo de un increíble viaje de la humanidad no lo fue en absoluto. En cambio, transformaría para siempre la percepción de las posibilidades que teníamos a nuestro alcance.

A propósito del primer hombre que pisó la Luna, Jean-Jacques Dordain —que fue durante mucho tiempo director general de la Agencia Espacial Europea y es una de las personalidades más carismáticas e influyentes del sector espacial internacional— relata su primer encuentro con Armstrong del siguiente modo.

París, 1971, Salón Internacional de la Aeronáutica y el Espacio de Le Bourget. Llega Neil Armstrong, convertido ya en un indiscutible icono mundial, y de inmediato se ve rodeado por una ingente multitud. El joven ingeniero Dordain se abre paso entre la gente. Cuando Armstrong se lo encuentra ante sí, sin aliento y feliz de haberle alcanzado, le tiende la mano.

—Es para mí un honor estrecharle la mano —le dice el intrépido ingeniero—. Pero me gustaría pedirle un favor.

—¿En qué puedo ayudarle? —responde sorprendido Armstrong.

—¿Puedo pisarle los pies?

—¿Los pies? ¿Por qué?

—Bueno, para poder decir que me he subido a los pies que caminaron por la luna.

Y así lo hace.

Ya unos meses antes del alunizaje había ocurrido algo igualmente espectacular. Era la Nochebuena de 1968, y Frank Borman, Jim Lovell y Bill Anders, de la misión Apolo 8, los primeros hombres en abandonar la órbita terrestre y llegar hasta nuestro satélite, fueron también los primeros en ver con sus propios ojos su cara oculta. En el plazo de unas veinte horas dieron nada menos que diez vueltas alrededor de la Luna. Estaban leyendo pasajes del Génesis durante una conexión televisiva con la Tierra que pasaría a la historia, cuando, en la cuarta vuelta, una imagen inesperada los dejó sin aliento; un espectáculo para el que se acuñaría una nueva palabra: *Earthrise*, la salida de la Tierra en el horizonte. Bill Anders cogió su Hasselblad y captó la que en los años venideros se consideraría una de las imágenes que cambiaron el mundo. Una imagen de extraordinaria belleza en la que nunca antes —nunca jamás— se había posado mirada alguna. Ahí estaba la Tierra, suspendida en la oscuridad de una noche cósmica, envuelta en un fino halo azul, frontera imperceptible entre nuestro mundo y un vacío inexorable.

La lección es clara: no creas que importas tanto; eres frágil, pequeño, una chispa en un universo indiferente; pero has llegado hasta aquí. Y tal vez fue esa mirada, antes que la pisada en el polvo, la que dio un nuevo sentido a nuestra presencia en el cosmos.

«¿Por qué existe algo en lugar de la nada?», se preguntaba Leibniz en *Principios de la naturaleza y de la gracia fundados en la razón*, añadiendo que, al fin y al cabo, la «nada» habría sido una solución mucho más sencilla. Una pregunta filosófica compleja, la más dramática, como la definió Umberto Eco. Interrogarse es una de las condiciones del «ser», la tensión inexorable hacia lo que desconocemos. La palabra «deseo» proviene originariamente del latín *de-*, 'negación', y *sidus*, 'estrella'. Estar lejos de las estrellas. Una distancia, la de los astros, que puede interpretarse de múltiples maneras. Podría ser la síntesis de una indiferencia cósmica: que al universo y sus remotas estrellas no les importamos. O la ausencia de buenos augurios. O de alguna otra cosa. El deseo como «carencia de estrellas», aspiración a un reencuentro, el anhelo interior de aquello que prescinde de nosotros pero a lo que, no obstante, pertenecemos. Una lejanía, un deseo, que desde siempre no nos deja en paz.

Hoy tenemos dos puestos avanzados en el cosmos. Las sondas Voyager 1 y 2 iniciaron su viaje en 1977; y desde entonces, gracias a su impulso, atraviesan el espacio interestelar, trazando los límites de la presencia humana en el universo.

Aprovechando el efecto honda de la excepcional alineación de los planetas gigantes —que solo se produce una vez cada 165 años—, ambas sondas han logrado atravesar todo el Sistema Solar y, tras varias décadas, han cruzado sus confines para penetrar en un mundo oscuro y gélido de gas, polvo y rayos cósmicos disparados a la velocidad de la luz. La Voyager 1 llegó primero, en agosto de 2012, y en noviembre de 2018 se le unió la Voyager 2. Todavía siguen deslizándose hacia destinos imaginarios, y, como los Reyes Magos, no viajan con las manos vacías: cada una de ellas lleva un «disco de oro», en realidad un disco de cobre bañado en oro, que debería decirles quiénes somos a quienes lo encuentren.

La selección del contenido del disco constituyó, en cierto sentido, el primer trabajo «curatorial» destinado a un público interestelar. La NASA confió esta tarea a una comisión presidida por Carl Sagan, el renombrado astrofísico y profesor de la Universidad Cornell, personaje central de esta «primera ocasión» tan importante.

No faltaron las discusiones entre los miembros de la comisión, cosa inevitable dado lo extraordinario de las circunstancias: por primera vez, con miras a un encuentro con interlocutores ignotos, se intentaba elaborar un relato conciso y eficaz de quiénes somos y de nuestro planeta. El disco de oro acabó albergando 115 imágenes, entre ellas un copo de nieve, una foto de familia, el Taj Mahal y una página de los *Principia* de Newton, así como una serie de archivos de audio que incluyen numerosos «buenos días» y «buenas noches» pronunciados en 55 idiomas distintos, además del «sonido de la tierra», donde se escucha la formación de una avalancha, el barrito de un elefante, el ruido de un beso y unos noventa minutos de música de varias épocas. Y, por último, un montón de matemáticas: un gráfico explicativo de los diez primeros números, las operaciones básicas, las fracciones y potencias, y hasta una tabla de conversión de unidades de medida.

En los años siguientes al lanzamiento de las sondas parece que Sagan pidió varias veces que se aprovechara la oportunidad de tomar una última fotografía de la Tierra, pero la idea fue sistemáticamente rechazada, entre otras cosas porque tales imágenes carecerían de valor científico. Él, sin embargo, no se rindió.

El día de San Valentín de 1990, mientras la Voyager 1 volaba de camino hacia la linde del Sistema Solar, Sagan, obstinado, logró convencer al administrador de la NASA, Richard Truly. Antes de abandonar nuestro sistema, la Voyager 1 se dio la vuelta y miró atrás por última vez. La fotografía que tomó entonces, desde una distancia de 6.000 millones de kilómetros, muestra un puntito borroso y distante, un *Pale Blue Dot*, como lo denominó el propio Sagan en una famosa charla que dio en 1994 en la Universidad Cornell: «Una mota de polvo suspendida en un rayo de sol. El único hogar que hemos tenido nunca».

Encontrarse por primera vez con una imagen inesperada siempre resulta emocionante. Es el momento extraordinario en el que pasamos de la ignorancia al conocimiento. Algo nuevo entra en nuestra perspectiva y nos transforma.

Il nous faut à chaque instant la secousse du réel. «A cada instante precisamos de la sacudida de lo real», escribe Victor Hugo en *El promontorio del sueño*, después de que el astrónomo François Arago le muestre por primera vez la Luna a través de un telescopio en el Observatorio de París.

Es una clara tarde de verano de 1834. Con el ojo puesto en el telescopio, al principio Hugo no parece divisar nada interesante, cuando de repente sucede algo: «Luego aumentó la visibilidad... No obstante, todo permanecía indistinto, y no había más diferencia que la que va de lo incoloro a lo sombrío... El efecto de profundidad y de pérdida de lo real era terrible. Y, no obstante, lo real estaba allí». Hugo se estremece: «te encuentras cara a cara en la sombra con ese mapamundi de lo Ignorado. El efecto es aterrador... Lo inaccesible casi tocado. Lo invisible visto».

El pie en la superficie de la Luna, la salida de la Tierra, un saludo desde la linde del Sistema Solar. Sacudidas de lo real, puntos de no retorno en esa vaga idea del mundo que nos otorga la experiencia humana.

También en Francia, años antes de que Hugo se encontrara con la Luna, a la posibilidad de escudriñar el cielo alzando la nariz se añadió la de poder contemplar el mundo desde arriba. Se podía «volar». Acceder a una nueva dimensión, anhelada desde siempre, que de otro modo no habríamos podido hacer nuestra. La emoción de la vertical, de permanecer suspendido, de sentir ese silencio.

Julian Barnes, en su hermosísimo libro *Niveles de vida*, además de la anécdota sobre Hugo y los comienzos de la emoción del vuelo en Francia, cuenta también que el físico Jacques Charles, el primero en ascender con un globo aerostático de hidrógeno, explicaba: «Cuando sentí que me alejaba de la tierra... mi reacción no fue de placer, sino de *felicidad*. Fue un sentimiento moral... Me oía vivir, por decirlo así».

La insoportable levedad
de la fuerza gravitatoria

Las manzanas caen, los cometas orbitan, el genio ve

No siempre es cierto que el mañana nos resulta desconocido. Un ejemplo: hoy ya podemos predecir cómo serán las noches estrelladas de los próximos 1,6 millones de años, y ello mediante simulaciones posibles gracias a los extraordinarios logros de la misión Gaia de la Agencia Espacial Europea (ESA), que ha medido la posición y la velocidad de unos 2.000 millones de estrellas que pueblan nuestra galaxia. Un futuro escrito y determinista, pues, alejado de la idea de un tiempo escurridizo e inaprensible sobre el que nada podemos decir.

La capacidad de anticipar el futuro sin duda ha desempeñado un papel crucial en nuestra evolución. Predecir el ataque de un depredador o la alternancia de las estaciones ha determinado nuestra capacidad de sobrevivir y reproducirnos. El neurocientífico Dean Buonomano lo explica muy bien en su libro *Your Brain Is a Time Machine* (Tu cerebro es una máquina del tiempo). Nuestro cerebro tiene que acumular una enorme cantidad de información, necesaria para anticipar lo que nos espera. Es, en esencia, un dispositivo que recuerda el pasado para predecir el futuro, una máquina que, si bien no puede comprender la naturaleza del tiempo, puede, no obstante, dar sentido a este. En realidad, carecemos de un órgano sensorial dedicado a «sentir» el tiempo, pero aun así percibimos su transcurso en la misma medida en que percibimos el color de los objetos. La asimetría temporal entre causa y efecto, por ejemplo, está codificada en lo más profundo de nuestra mente, empezando por la percepción de la minúscula diferencia que existe entre la llegada de un sonido al oído derecho y al izquierdo. Y como no disponemos de un órgano consagrado específicamente al tiempo, para comprenderlo aprovechamos los mismos circuitos neuronales con los que representamos el espacio.

Utilizar el espacio para describir el flujo del tiempo: un reflejo universal. Tal es la conclusión de una investigación realizada por los científicos cognitivos Kensy Cooperrider y Rafael Núñez, y recogida en un artículo publicado en *Scientific American* bajo el título de «How We Make Sense of Time» (Cómo damos sentido al tiempo). En resumen: todas las culturas utilizan metáforas espaciales para hablar del tiempo. Para abordar el concepto de tiempo, el ser humano necesita recurrir a su comprensión y experiencia del espacio físico, apoyándose en modelos de referencia que asimilan el tiempo al espacio. La duración temporal se expresa en términos de dimensiones: un corto fin de semana, una larga espera...; mientras que el transcurso del tiempo se identifica con el movimiento: el tiempo vuela, seguir adelante con la propia vida... Lo que cambia en función de los diversos aspectos culturales es la ubicación espacial del pasado, el presente y el futuro. En aquellas culturas en las que se escribe de izquierda a derecha, la secuencia de los acontecimientos temporales sigue la misma dirección: el pasado está detrás, el presente aquí y el futuro delante. En cambio, otras culturas, como la de los aimaras de los Andes o la de los yupnos de Papúa Nueva Guinea, al carecer de referencia escrituraria, espacializan el tiempo con una secuencia invertida de ciento ochenta grados. El pasado se encuentra ante nosotros: podemos mirarlo porque lo conocemos y, por ende, hablar de él; mientras que el futuro nos resulta desconocido, es objeto de especulación, y por ello se sitúa detrás, donde no puede posarse nuestra mirada.

Por extravagante que pueda parecer, esta representación del tiempo es coherente con la forma en que se nos presenta el universo. Cuando observamos el cielo, de hecho, el pasado se despliega ante nosotros.

El Sol, las estrellas, las galaxias que vemos espacialmente frente a nuestros ojos son en realidad proyecciones de un tiempo ya transcurrido. Se trata de un efecto casi *mágico*. El hecho de que la luz tenga su propia velocidad y, por tanto, no se propague de manera instantánea nos brinda el superpoder de ver el pasado. Incluso sin instrumentos ni telescopios. Mientras tomamos un aperitivo con un amigo ante una puesta de sol, en ese presente compartido, el disco rojo a punto de desaparecer tras el horizonte en realidad ya no está ahí desde hace más de ocho minutos. Ser consciente de ello resulta emocionante. Las remotas lucecitas que salpican el cielo nocturno son brillantes destellos de tiempos lejanos. La hermosa Rigel, que vemos resplandecer a simple vista en la constelación de Orión, es una imagen, una fotografía que a nosotros nos llega hoy, pero que en realidad se «tomó» más o menos en la época en la que nació Dante Alighieri. El cielo estrellado: ¡tantas capas de tiempo superpuestas en una sola oscuridad!

Aristóteles fue uno de los primeros en plantearse la cuestión del tiempo, identificándolo con la magnitud de un cambio: en el cuarto libro de su *Física* escribió que «el tiempo es... el número del movimiento según el antes y el después», que depende de la existencia de la realidad sensible. Existe, pues, un vínculo muy estrecho entre el tiempo y el mundo sublunar.

El primero que dio una definición precisa de lo que era el tiempo, y, con él, el espacio, fue Isaac Newton. Las ecuaciones del movimiento en las que trabajaba le obligaban a tomar partido. El tiempo es. El espacio es. Y los definió en un sentido absoluto. Sin dependencia alguna ni posibilidad de influencia ajena. El espacio y el tiempo, en la concepción newtoniana, son como dos recipientes vacíos en cuyo interior se sitúa toda la realidad. El espacio es, pues, un lugar estático e inmutable dentro del cual se mueven los objetos celestes. Y el tiempo sigue un ritmo universal, válido para todos en todas partes. El tiempo newtoniano es absoluto, cierto, matemático. Las tres leyes del movimiento de Newton, basadas en dichos conceptos de tiempo y espacio absolutos, permitían explicar la dinámica de los objetos con dimensiones suficientes para una observación directa. Si el tiempo y el espacio son absolutos, nada puede afectarlos. El espacio no está condicionado por lo que contiene; el tiempo fluye sin conexión con el espacio, y ambos son independientes de cualquier observador.

Los cuerpos se mueven en ese espacio absoluto. Y el tiempo absoluto es la condición para que las leyes de la física sean las mismas en cada instante. Escribía Newton: «Todos los movimientos pueden acelerarse o retardarse, pero no se puede cambiar el flujo del tiempo absoluto». Y esta, en definitiva, es también nuestra percepción como «terrícolas newtonianos», nuestra imagen intuitiva de cómo funciona el mundo. Habrían de transcurrir más de doscientos años desde Newton para que nos diéramos cuenta de que nuestra percepción de lo que ocurre en torno a nosotros es limitada, de que nuestros sentidos no superan los límites de una pequeña porción de la realidad. Con el desarrollo de la mecánica cuántica y de la teoría de la relatividad especial y general, hemos comprendido que el universo funciona de formas que en gran medida se nos escapan.

Según las ecuaciones del movimiento de Newton, un cuerpo empieza a moverse si se ve sometido a una fuerza que lo acelera; y si hay aceleración, debe haber una fuerza que actúe sobre ese cuerpo. Dicha fuerza es ciertamente la que hace que una manzana, al caer de un árbol, se desplace por el espacio hasta llegar al suelo. Sin embargo, para Newton, no hay razón alguna por la que la acción de esa fuerza no pueda seguir actuando más allá de la copa del árbol. Ampliando el alcance de su idea, Newton llegó a la conclusión de que también el movimiento de los planetas, arriba en el firmamento, podía atribuirse a la misma causa. Si un cuerpo celeste se desplaza a lo largo de su órbita, lo hace debido a la misma ley física que hace que una manzana caiga de un árbol.

Una manzana que cae y un planeta atrapado en su eterna órbita: una yuxtaposición inimaginable hasta entonces. Esta extraordinaria intuición supuso un cambio irreversible al aunar dos mundos que parecían pertenecer a lógicas distintas, el celeste y el sublunar. Desde la época de Aristóteles se había creído que existía una clara separación entre los cuerpos celestes y los terrestres, hasta el punto de que los primeros estarían formados por un elemento específico (el éter) que no podía encontrarse en el mundo sublunar, por lo cual obedecerían a leyes distintas, desplazándose según un movimiento circular uniforme debido a la ausencia total de fricción. Ni siquiera Copérnico, a quien debemos la formulación de la teoría heliocéntrica, había dicho nada sobre el mecanismo que regía el movimiento de los planetas.

Gracias a las aportaciones de Galileo y Kepler se había iniciado una profunda transformación de la astronomía. En su *Historia de la astronomía*, Leopardi no oculta su profunda admiración por el científico alemán:

Kepler fue el precursor de Newton. La naturaleza, que tanto había hecho por él, descansó para elevar al filósofo inglés. Pero de no haberle precedido Galileo y Kepler, habría tenido que hacer lo que hicieron ellos, y sus conocimientos no habrían alcanzado el grado sublime que de hecho alcanzaron. Fue un gran hombre, un hombre maravilloso merecedor del rutilante título de padre de la Astronomía.

Aunando la cosmología copernicana y los cálculos más profundos de Tycho Brahe, y, sobre todo, basándose en el método experimental de Galileo, Kepler formuló en su *Astronomia nova*, publicada en 1609, las dos leyes que describen matemáticamente el movimiento de los planetas alrededor del Sol en órbitas elípticas. Diez años después, en su *Harmonices mundi*, añadió una tercera ley, por la que establecía una relación matemática precisa entre la distancia que existe entre un planeta y el Sol y el tiempo que tarda dicho planeta en dar una vuelta completa alrededor de este. Terminaba así una intensísima labor que le había mantenido ocupado durante un total de veintidós años. Kepler fue el primero en intuir que el Sol ejercía una acción sobre los planetas que los mantenía ligados a sus órbitas, aunque no se preguntó de qué naturaleza era esa fuerza.

Kepler y la formulación de sus leyes fueron cruciales en el desarrollo de una astronomía nueva y revolucionaria. En efecto, como escribe Maria Popova en *Figuring*, fue el primer astrónomo que postuló un método científico para predecir los eclipses, el primero que vinculó la astronomía matemática a la realidad material, y el primero que demostró que las fuerzas físicas mueven los cuerpos celestes según magnitudes calculables. Y todo ello mientras elaboraba horóscopos para los nobles de la corte, luchaba por salvar a su madre de la acusación de brujería y seguía defendiendo la idea de que la Tierra era un enorme cuerpo animado y sintiente, sujeto a enfermedades, y a veces afectado incluso por trastornos digestivos.

A Kepler —sigue diciendo Popova— le desconcertaba la hipótesis de que el universo estuviera coordinado por alguna especie de relojero, y por añadidura divino. Prefirió centrarse en la idea de «una única fuerza magnética» que de algún modo pusiera en movimiento la maquinaria celeste, «no un organismo divino, sino más bien algo parecido a un reloj en el que un único peso acciona todos los engranajes». Eso no estaba muy lejos de la concepción newtoniana; y antes que él nadie había imaginado soluciones al movimiento de los planetas sin recurrir al concepto de divinidad.

«¡Lástima que Kepler no viviera siglos! —escribe Leopardi—. Nacido con un ingenio extraordinario, con un genio brillante, con un talento reformador, nunca habría dejado de ser útil al género humano».

Cuando la legendaria manzana cayó del famoso árbol, Newton estaba reflexionando justo acerca de cuál podría ser la fuerza que había imaginado Kepler. La segunda ley de la dinámica desarrollada por Newton establecía que si un cuerpo, inmóvil o en movimiento rectilíneo uniforme, cambia de estado, tiene que haber intervenido una fuerza, descrita por la ecuación $F = ma$ (donde m es la masa, y a la aceleración). En otras palabras: la aceleración que experimenta un cuerpo es directamente proporcional a la fuerza aplicada sobre él, con la misma dirección y sentido, e inversamente proporcional a la masa del cuerpo.

Si la manzana que permanece quieta en el árbol cae de él, significa que ha sufrido una aceleración y, por tanto, debe de haber actuado alguna fuerza. Conocedor de los trabajos de Galileo Galilei sobre el movimiento de los proyectiles que caen al suelo según una trayectoria curva, y reflexionando sobre la tercera ley de Kepler aplicada al movimiento de la Luna alrededor de la Tierra, Newton maduró la idea de una fuerza «que se extendía al globo de la Luna, hasta la Tierra», sin «menguas ni límites».

La extraordinaria intuición de Newton consistió en vislumbrar una misma causa subyacente a acontecimientos que hasta entonces se juzgaban situados en planos distintos de la realidad: detrás del eterno desplazamiento de los planetas distantes y del movimiento de una fruta que cae de un árbol se halla la misma mano invisible. Fue así como entró en escena la primera de las cuatro fuerzas fundamentales hoy conocidas: Su Majestad la Gravedad.

Según la fórmula de la gravitación universal de Newton, la fuerza con la que se atraen dos cuerpos es directamente proporcional a su masa e inversamente proporcional a la distancia que los separa: cuanto mayor es la masa de los cuerpos, mayor es la fuerza de atracción; mientras que con la distancia ocurre lo contrario: la fuerza se hace más débil a medida que aumenta la distancia entre los cuerpos. Es como cuando vemos que la luz de un faro pierde intensidad a medida que nos alejamos. En 1687, Newton formuló esta ley, junto con los tres principios de la dinámica, en su obra *Philosophiæ naturalis principia mathematica*, más conocida simplemente como *Principia*, o «Principios». Se establecía así un vínculo entre la caída de las manzanas y el orbitar de los cometas.

La intuición newtoniana, que aunaba fenómenos aparentemente distantes bajo una única causa, era en el fondo una hazaña de simplicidad. Newton marcó así un punto de transición decisivo en la perspectiva científica, estableciendo la posibilidad de una comprensión más amplia y exhaustiva del funcionamiento del universo, que se revela más allá del estrecho y engañoso perímetro de la experiencia y la percepción humanas.

Los futuros cielos nocturnos deterministas dibujados por la misión Gaia, la anticipación de los movimientos de las estrellas, de las formas cambiantes de las constelaciones, son resultado de lo que nos legó Newton. Junto con las leyes del movimiento, la ley de la gravitación universal, una elegante ecuación matemática, describe con bastante precisión gran parte de los movimientos celestes. Y lo hace tan bien que aún hoy confiamos en ella para lanzar sondas y satélites al espacio, para aterrizar en otros planetas o para ir al encuentro de un cometa.

Es bien sabida la historia de la manzana de Newton, que, según se cuenta, le golpeó al caer justamente del mismo árbol a cuya sombra el gran físico se había sentado a reflexionar sobre el movimiento de los planetas en el jardín de casa de su madre. Fue François-Marie Arouet, conocido como Voltaire, quien puso en circulación la historia en un contexto insospechado: un ensayo sobre poesía épica. Pocos meses después de asistir al solemne funeral de Newton en Westminster, en 1727, el filósofo francés, todavía cuarentón, había ido a ver a la sobrina del científico, Catherine Barton Conduit. Durante la conversación que mantuvieron la mujer le habló del árbol, y el escritor francés, temeroso de que algún gacetillero le robara la anécdota, la noveló un poquito y se apresuró a incluirla en la obra que daba a la imprenta en aquel momento, en una digresión fuera de tema destinada a hacerse inmortal:

> Según el relato que me hizo su sobrina (Madame Conduit), cierto día de 1666, Newton, que se había retirado al campo, al ver caer unos frutos de un árbol se entregó a una profunda meditación en torno a la causa de que todos los cuerpos cayeran siguiendo una línea que, de prolongarse, pasaría por el centro de la Tierra.

Por suerte, cuando se publicó la historia, Robert Hooke hacía tiempo que había muerto. El científico inglés, histórico rival de Newton, afirmaba haber sido el primero en intuir lo que este formalizaría más tarde en la ley de la gravitación universal. Hooke había medido la oscilación de un péndulo y había planteado la hipótesis de que el movimiento de los planetas también podía calcularse partiendo del supuesto de una atracción inversamente proporcional al cuadrado de la distancia al origen. La rivalidad entre Newton y Hooke es legendaria, y se prolongó incluso tras la muerte de este último. Cuando Newton se convirtió en presidente de la Real Sociedad de Londres no solo utilizó su influencia para hacer que se olvidara el trabajo de su oponente, sino que al parecer incluso hizo destruir sus retratos. Sobre todo en las postrimerías de su vida, y no sin grandes reservas, Newton también se dedicó a la alquimia, en un momento de la historia en que la frontera entre esta y la química resultaba bastante difusa. John Maynard Keynes, que adquiriría muchas de las obras de Newton sobre el tema, escribió en un discurso para la Real Sociedad: «Newton no fue el primero de la edad de la razón: fue el último de los magos».

Sea o no fidedigna, el caso es que la versión de Voltaire es la que ha arraigado, convirtiendo el árbol del jardín de la madre de Newton —que todavía sigue allí, en la finca familiar de Lincolnshire— en el epítome de una de las intuiciones más innovadoras jamás aprehendidas por un ser humano. Tanto es así que trescientos años después la NASA se llevó un trocito del árbol a la Estación Espacial Internacional, logrando con ello un efecto un tanto paradójico: la madera del árbol que había inspirado a Newton la teoría de la gravitación universal se encontró de repente flotando en el espacio en condiciones de gravedad cero.

Tendrían que pasar décadas para que la ley de la gravitación universal se aceptara en todo el continente europeo, donde aún regía la teoría de Descartes, una hipótesis basada en conjeturas que implicaba la presencia de vórtices singulares. Ocurrió sobre todo gracias a la «propaganda» científica llevada a cabo por dos destacadas mentes de la Francia del siglo XVIII. Una de ellas fue el propio Voltaire, que explicó en términos sencillos los *Elementos de la filosofía de Newton*. La otra, la marquesa Émilie du Châtelet, una mujer libre, extremadamente culta y apasionada por la ciencia. Gran amiga de Voltaire, le acogió en su castillo de Cirey, en la frontera con Lorena, cuando el filósofo se arriesgaba a ser apresado por sus *Cartas inglesas*, consideradas demasiado subversivas. Allí vivieron juntos durante muchos años y crearon el primer laboratorio de física «privado», repleto de toda clase de instrumentos científicos, donde realizaron diversos experimentos sobre la propagación de la luz, la naturaleza del fuego y, más tarde, la energía cinética. A ella le debemos las primeras contribuciones científicas sobre la radiación infrarroja y la formulación teórica del principio de conservación de la energía, así como su «Disertación sobre la naturaleza y la propagación del fuego», el primer trabajo escrito por una mujer que publicó la Academia de Ciencias de Francia. También fue autora de la primera traducción al francés de los *Principia* de Newton, que aún hoy sigue siendo un texto de referencia.

Fue un avance extraordinario comprender que la Tierra, Neptuno o Mercurio se deslizan a lo largo de sus órbitas, en amplias y lentas trayectorias, por la misma razón por la que las manzanas caen de los árboles. Intuitivamente, sin embargo, parece lógico preguntarse por qué, si la que actúa es siempre la mano de la gravedad, que atrae y tira hacia abajo, la Tierra, Neptuno o Mercurio no se precipitan sobre el Sol en lugar de girar en torno a él.

Hagamos un experimento mental. Si la manzana permanece inmóvil en el árbol, al soltarse caerá siguiendo una línea vertical. Si, por el contrario, lanzamos una bala de cañón en dirección horizontal, durante un breve tiempo seguirá una trayectoria rectilínea, luego esta se curvará, y finalmente la bala acabará en el suelo. Cuanto mayor sea la velocidad a la que se lance la bala de cañón, más lejos estará el punto en el que aterrice. Por consiguiente, la posición y la velocidad iniciales del objeto afectan a la trayectoria de su movimiento.

Newton imaginó una bala de cañón disparada horizontalmente a una velocidad tan alta que daría toda la vuelta al planeta y volvería al punto de partida sin llegar a tocar el suelo. En este caso la curvatura de su trayectoria se correspondería exactamente con la curvatura de la Tierra. La bala habría recorrido así una órbita completa, término que define el equilibrio perfecto entre el movimiento hacia delante de un cuerpo que, una vez lanzado, querría seguir desplazándose en línea recta (la inercia de la bala de cañón) y la atracción gravitatoria de un cuerpo mucho mayor (la Tierra) que intenta tirar de él hacia abajo. Fue justo así como, hace 4.500 millones de años, cuando el Sistema Solar tomó forma a partir de una enorme nube de gas y polvo en rotación, la Tierra, Neptuno, Mercurio y los demás planetas fueron capturados por la atracción gravitatoria del Sol y quedaron atrapados, a diferentes distancias según su posición y velocidad iniciales, en un perpetuo orbitar.

La diferencia entre el movimiento de la manzana que cae del árbol y el del planeta que orbita alrededor del Sol, ambos regidos por la fuerza gravitatoria, depende solo de su velocidad, sus posiciones iniciales y la masa que los atrae. En esencia, tanto la manzana como el planeta hacen lo mismo: caen. Desplazarse a lo largo de una órbita equivale a experimentar la embriaguez de la caída libre.

Desde hace más de veinte años existe un puesto avanzado humano en el espacio: la Estación Espacial Internacional (EEI). En ese conjunto de módulos cilíndricos, repletos de cables y objetos misteriosos, hemos visto muchas veces a los astronautas, hombres y mujeres, moverse ligeros cual si volaran. Los destornilladores parecen querer darse caza unos a otros, las largas cabelleras revolotean, las gotas de agua flotan ingrávidas... ¡Qué maravilla verlos libres de la «tiranía» (todos desearíamos poder volar) de la fuerza de gravedad que nos mantiene con los pies en el suelo! Podría pensarse que eso es tan solo una consecuencia de estar lejos, de estar «en el espacio»; pero no es así.

La Estación Espacial Internacional se encuentra a unos 400 kilómetros de la superficie de la Tierra, y a esa altitud la fuerza de la gravedad sigue estando muy presente. Es solo ligeramente inferior —en torno a un 10 % menos— de la que «sentimos» al nivel del mar. Una persona que pesara 100 kilos en la planta baja de un imaginario rascacielos de 400 kilómetros de altura pesaría 90, un 10 % menos, si se subiera a una báscula en lo más alto del rascacielos. El secreto de ese mundo ingrávido del interior de la EEI no reside, pues, en el hecho de estar en el espacio, sino en cómo se mueve uno en el espacio mismo. En efecto, la EEI orbita alrededor de la Tierra a una velocidad de unos 28.000 kilómetros por hora y da una vuelta completa a nuestro planeta aproximadamente cada noventa minutos. Eso significa que los astronautas, en un día de veinticuatro horas, disfrutan unas 15-16 veces del espectáculo de la salida y la puesta del sol. La fuerza motriz de este perpetuo orbitar, como nos enseña Newton, no es otra que la gravedad.

Así pues, los huéspedes de la Estación Espacial Internacional, por más que ligeros y flotantes, no vuelan. Lejos de ello, al igual que la manzana del árbol o alguien que salta de un peñasco, hacen justo lo contrario: caen en picado.

La gravedad, cuyo radio de acción es infinito, resulta ser también la más extraordinaria de las diseñadoras: una mano meticulosa e implacable, oculta en la perfección esférica de los cuerpos celestes que brillan, flotan en la oscuridad y se transforman en otra cosa. Cuanto mayor es un cuerpo, más consigue la gravedad moldearlo, suavizar sus formas y conferirle una esfericidad sublime.

Marte, por ejemplo, es más pequeño que nuestro planeta y, por ello mismo, su superficie también es más irregular. La gravedad, que allí es aproximadamente una tercera parte de la terrestre, no ha logrado nivelar por completo sus protuberancias: el pico marciano más elevado, el volcán Monte Olimpo, se alza nada menos que 25 kilómetros sobre la superficie, y es el más alto de todo el Sistema Solar.

Cuanto menor es la gravedad, más probabilidades hay de que un cuerpo acabe presentando formas estrafalarias. Los asteroides, cometas y meteoritos son objetos cósmicos pequeños, imperfectos, todos ellos distintos entre sí, que discurren, giran y desfilan unos tras otros por el Sistema Solar, rebelándose, con sus rarezas, contra la elegante redondez de las esferas celestes.

En uno de esos cuerpos en perpetua carrera, con un extraño perfil y una superficie tan blanda como la espuma de un capuchino, a unos 500 millones de kilómetros de la Tierra, logramos aterrizar un día.

Tras un viaje de diez años, en agosto de 2014, la sonda Rosetta de la ESA se presentó a un encuentro celeste, una cita a ciegas con un hermoso cometa (término derivado de una palabra griega que significa 'cabellera') de unos cuatro kilómetros de diámetro, compuesto de hielo y gas, con el impronunciable nombre de 67P/Churyumov-Gerasimenko y una forma bastante inusual: parecía una especie de patito.

Para acudir a aquella cita, Rosetta recorrió más de 6.500 millones de kilómetros, cosa que pudo hacer gracias a que su trayectoria incluyó tránsitos cercanos a varios planetas, incluida la Tierra en tres ocasiones. Tras cada *sobrevuelo* de un planeta, la sonda recorría una órbita completa alrededor del Sol (hasta un total de cinco) para cargarse de energía, utilizando el campo gravitatorio de los cuerpos celestes, como en una especie de efecto honda, para aumentar su velocidad. En su camino, Rosetta también pasó cerca de dos asteroides, Šteins y Lutecia, y cuando aún le faltaban tres años de viaje para llegar al cometa, puso a «dormir» sus instrumentos para ahorrar energía. En su silenciosa trayectoria hacia aquel lejano encuentro, Rosetta pasó así nada menos que 31 meses en hibernación (¡algo que nunca se había hecho antes!), con todos los instrumentos apagados a excepción de cuatro relojes internos que, sin intervención alguna de la Tierra, hicieron sonar el despertador el 20 de enero de 2014. Estaba a punto de llegar. Al cabo de unos meses Rosetta se encontró por fin con el pequeño cometa. Con una serie de maniobras de aproximación increíblemente complejas, se posicionó de tal forma que empezó a girar a su alrededor, en un ordenado minué con el que lo acompañó durante largo tiempo. Entre los objetivos de la misión figuraba también el de intentar desvelar el misterio de la presencia de agua en nuestro planeta, ya que, entre varios posibles candidatos, se cree que podría haber llegado de la mano de estos cuerpos celestes.

Fue el 12 de noviembre de 2014 cuando Rosetta, ya lo bastante cerca del cometa como para sentir su gravedad extremadamente débil, soltó su módulo de aterrizaje, Philae: un pequeño robot del tamaño de una lavadora, que descendió hacia su destino casi a cámara lenta. Tardó alrededor de siete horas en completar una caída de 22 kilómetros, tras la que acertó a posarse en medio de aquel guijarro en su carrera hacia el Sol. La imagen que tomó la propia Rosetta del pequeño Philae deslizándose en la oscuridad resulta de lo más emocionante. En la Tierra, el entusiasmo suscitado al recibir la señal fue enorme. El aterrizaje del pequeño robot, tras algunas peripecias —rebotó nada menos que tres veces antes de posarse por fin en aquel núcleo helado—, anunciaba un éxito sin precedentes. Europa posada en un cometa. La huella de nuestro pie robótico en la superficie de un cuerpo celeste en el que nadie se había aventurado jamás. Muy lejos de aquí. En un universo que desde aquel día parece un poco menos infinito. La gravedad nos empujó hacia el encuentro; nos permitió «acometar» suavemente y hacer juntos un trecho del camino hacia el Sol. Fueron muchísimos los logros científicos de la misión; no obstante, el misterio del agua permanece. El agua presente en el cometa 67P resultó ser distinta de la que llena nuestros océanos. Por supuesto, su fórmula sigue siendo la conocida H_2O, pero se ha hecho más «pesada» por la rica presencia de deuterio, un isótopo del hidrógeno. Todavía queda por descubrir, pues, cómo llegó a la Tierra el agua que conocemos.

Cuando uno se tropieza por primera vez con la fórmula de la gravitación universal de Newton, es inevitable preguntarse por qué no es posible observar el efecto de atracción entre los objetos que nos rodean: por ejemplo, por qué la taza de café no choca con la cafetera.

La razón es sencilla: por muy difícil que te resulte cargar una nevera hasta tu nuevo apartamento del sexto piso, y por más que se requiera una energía enorme para lanzar un cohete al espacio, en realidad la gravedad es una fuerza muy débil.

En este mundo nuestro, hecho de electrones, protones y otras partículas, solo existen cuatro fuerzas que constituyen las denominadas interacciones fundamentales. A dos de las primeras en intensidad (la primera y la tercera) se las llama, sin derrochar excesiva imaginación, fuerza nuclear fuerte y débil; son las que rigen los procesos físicos en el mundo microscópico, con un radio de acción confinado a distancias atómicas. Por eso no oímos hablar de ellas a menudo, a menos que trabajemos en una central nuclear o en un departamento de física. En cambio, conocemos bastante bien las otras dos fuerzas: la gravedad y el electromagnetismo, ambas con un radio de acción infinito.

Puede resultar un tanto difícil creer que todas las interacciones posibles obedecen tan solo a cuatro fuerzas, puesto que tenemos la impresión de que hay muchas otras con las que nos tropezamos en nuestra experiencia cotidiana: la fricción que permite frenar a un coche, el empuje que nos mantiene a flote cuando nadamos, la tensión de un arco a punto de disparar una flecha... Parecen fuerzas distintas. Pero si se analizan en detalle, todas ellas pueden atribuirse en última instancia a las cuatro fuerzas fundamentales.

Con mucha frecuencia es la fuerza electromagnética la que está en juego. Por ejemplo, la fricción entre dos superficies, que surge de su contacto y nos permite hacer cosas tales como caminar o escribir, cuando se analiza bajo el microscopio resulta ser en realidad el efecto combinado de la interacción electromagnética entre los átomos de una superficie y otra. Existe, pues, una realidad microscópica que, examinada en profundidad, dilucida fenómenos que de otro modo resultan inaccesibles a nuestra experiencia.

En la escala de la intensidad, la fuerza gravitatoria ocupa el último lugar en una lista que encabeza la fuerza nuclear fuerte, seguida de la fuerza electromagnética y de la fuerza nuclear débil. Pero lo más sorprendente es lo bajo que resulta hallarse ese último puesto en la clasificación, lejísimos, de hecho, de los tres primeros.

Pongamos un ejemplo para hacernos una idea de la distancia existente en términos de intensidad entre la fuerza electromagnética y la gravitatoria. Volvamos al mundo microscópico y consideremos uno de los sistemas físicos más simples: el átomo de hidrógeno. Un solo electrón y un núcleo formado por un solo protón, ambos con carga eléctrica y masa. Al calcular la fuerza electromagnética y la fuerza gravitatoria que actúan sobre dichas partículas, comprobamos que la fuerza electromagnética supera en intensidad a la gravitatoria por un factor de 10^{39}, esto es, un 10 seguido de 38 ceros: mil sextillones, o mil billones de billones de billones. Así pues, a escala atómica la fuerza gravitatoria no tiene apenas efecto alguno.

Es esta última la que domina, en cambio, cuando las distancias aumentan y nos adentramos en el espacio exterior. Pero nunca observaremos un efecto de atracción significativo entre la cafetera y la taza porque el influjo de la gravedad es extremadamente débil. Las otras fuerzas, como en el caso de la fricción, son mucho más relevantes, y acaban ocultando a nuestros ojos la existencia de la gravedad.

Esta diferencia de magnitud entre la gravedad y las demás fuerzas —o sea, la razón de su intrínseca debilidad— constituye uno de los grandes misterios aún no resueltos de la física. Los físicos lo denominan un «problema de jerarquía», y podría ocultar profundas implicaciones que todavía se nos escapan. Este misterio en concreto podría guardar relación con el bosón de Higgs, o con la existencia de múltiples universos, o quizá con otras explicaciones aún más fascinantes.

He aquí una de ellas. Supongamos que nuestro universo tiene muchas más dimensiones espaciales de las que conocemos, tal como predicen algunas teorías físicas como, por ejemplo, la teoría de cuerdas: no solo las dimensiones que describimos como largo, ancho y alto, sino también otras más que permanecen bien ocultas a nuestros ojos. En ese universo enriquecido con nuevas dimensiones espaciales podemos imaginar la gravedad como una fuerza que tiene una intensidad similar a la de las otras tres interacciones, mientras que en el mundo espacial tridimensional que percibimos parece débil porque *se diluye* en la multiplicidad de dimensiones disponibles, tanto visibles como ocultas.

Para que en el tira y afloja entre la atracción de la fuerza gravitatoria y el rechazo de la electromagnética se imponga la primera y nazca una estrella es necesario que se aglomere un número ingente de protones.

La naturaleza utiliza un truco que evita la repulsión eléctrica entre los protones. En efecto, en la nube de materia interestelar que es la madre de la estrella —y, por ende, una especie de abuela para nosotros— los protones se hallan, en su inmensa mayoría, en forma de átomos de hidrógeno (un protón y un electrón), y, en consecuencia, su carga total es igual a cero. En tales condiciones no existe fuerza eléctrica de repulsión, y los átomos se atraen gracias a la débil fuerza gravitatoria. Que luego surja o no una estrella de la nube en proceso de agregación dependerá de varios factores.

El primero de ellos es que la agitación térmica de la nube, que tiende a disgregar la estructura, debe ser mínima; en otras palabras: la nube ha de estar muy fría (unas decenas de grados por encima del cero absoluto). En estas condiciones, la gravedad puede hacer su trabajo como fuerza organizadora libre de toda perturbación. Cualquier pequeña concentración de gas empieza a atraer a la masa circundante, y desencadena un proceso de agregación que conduce a una numerosísima concentración de átomos. Que devenga una estrella (como el Sol) o un planeta (como Júpiter) dependerá de la masa de la nube y de su composición. En determinadas condiciones, a medida que el proceso de agregación se intensifica, la nube se vuelve opaca, y la energía gravitatoria que se libera en dicho proceso no puede irradiarse. Entonces la parte central de la nube se calienta cada vez más, y cuando supera más o menos los 10 millones de grados se desencadenan las primeras reacciones de fusión termonuclear, que son las que le confieren su brillo: ha nacido una estrella. En cambio, si la masa es menor, el desencadenante no se produce. La masa mínima de los cuerpos celestes que se han convertido en estrellas es de unas 0,08 veces la del Sol.

Así pues, la posibilidad de llegar a brillar en la oscuridad no está al alcance de todos los cuerpos gaseosos. ¿Acaso será este el pesar que aflige al mayor de los planetas de nuestro sistema solar, Júpiter, que «por los pelos» no llegó a convertirse en una rutilante estrella?

Gigantesco y gaseoso, Júpiter está compuesto principalmente de hidrógeno, como la mayoría de las estrellas; su volumen podría contener el equivalente a 1.321 Tierras, y su masa es dos veces y media la de todos los demás planetas del Sistema Solar juntos. Son cifras bastante impresionantes; sin embargo, su masa es solo una milésima de la del Sol. Durante su proceso de formación, pues, a Júpiter le faltó esa pequeña masa necesaria para que su presión interna venciera la repulsión de los átomos y desencadenara las reacciones termonucleares que le habrían hecho refulgir en la oscuridad, ebrio de su propia luz.

De haber sido un poco más corpulento —unas ochenta veces su masa actual—, y prescindiendo por un momento de los posibles efectos gravitatorios sobre los demás planetas, Júpiter podría ser hoy un puntito rojo, apenas más brillante que una luna llena: una de esas estrellas, indiferentes y lejanas, que buscamos al atardecer con la mirada.

2

Un ascenso inesperado

La velocidad de la luz deviene absoluta.
Espacio y tiempo se unen para siempre

Corría el año 1905. *Annus mirabilis*. En solo siete meses, con cuatro artículos, Albert Einstein trastocaría nuestra concepción del universo y de la realidad de la que formamos parte. En aquel inicio de siglo los conocimientos de física se limitaban a las tres leyes de la mecánica de Newton y a los principios de la termodinámica. A la gravedad, que había sido la única fuerza conocida durante casi doscientos años, se había unido unas décadas antes una nueva fuerza, la electromagnética, descrita por las ecuaciones de Maxwell.

Se atribuye a Lord Kelvin, el eminente científico inglés a quien debemos grandes aportaciones como la escala de temperatura absoluta o el segundo principio de la termodinámica, la afirmación, formulada presuntamente en septiembre de 1900, de que ya no quedaba nada por descubrir en física; tan solo podía aspirarse a hacer mediciones más precisas.

Desde hacía unos años, el joven físico Albert Einstein trabajaba en la oficina de patentes de Berna. Era una época compleja para Europa, pero también un periodo de cambios profundos y apasionantes. Tras el descubrimiento de la electricidad surgían nuevas tecnologías que transformaban la vida de las personas, sobre todo en las ciudades. Nacían la fotografía y el cine. Los intrincados hilos de las redes ferroviarias empezaban a interconectar lugares remotos. En el contexto de este impulso de modernidad llegaban a Berna nuevas solicitudes de patentes, entre ellas algunas relacionadas con la sincronización de relojes.

El asunto no tenía precedentes. Antes, si un reloj en Múnich y otro en Berna no marcaban exactamente la misma hora, poco importaba: la discrepancia tendría escasas consecuencias. Pero con la difusión del telégrafo las comunicaciones se habían hecho mucho más rápidas, y el buen funcionamiento del transporte ferroviario exigía precisión. Era necesario, pues, que Múnich y Berna se pusieran de acuerdo acerca de cuándo poner las manecillas de los relojes en la posición de «mediodía». La sincronización horaria se convertía en una cuestión urgente.

La relación entre espacio y tiempo se impone aquí por razones esencialmente pragmáticas. Para sincronizar dos relojes distantes es necesario que se «hablen», que puedan comunicarse de algún modo. Y la información intercambiada tendrá que recorrer un espacio determinado. Por lo tanto, para sincronizar dos relojes hay que tener en cuenta la distancia que los separa.

Einstein empieza entonces a reflexionar sobre la posibilidad, y las implicaciones, de sincronizar los relojes mediante la transmisión de señales luminosas. Y elabora un experimento imaginario en el que pone en juego una magnitud nunca antes considerada: la velocidad a la que se mueven dos observadores uno respecto al otro.

Supongamos —argumenta Einstein— que hay un señor M en el andén de una estación de ferrocarril. En un mismo instante caen dos rayos, A y B, a su derecha y a su izquierda, ambos a la misma distancia de él. Para el señor M, los dos rayos llegan al suelo de manera simultánea. En ese momento pasa un tren que circula por una vía recta a velocidad constante, en el que viaja el señor M´, concentrado en observar desde la ventanilla lo que ocurre en el andén. Los sistemas de referencia de los observadores M y M´ elegidos por Einstein para su experimento son de un tipo muy preciso: son *sistemas de referencia inerciales*, bien en reposo (el andén), o bien en movimiento, pero con un movimiento concreto, rectilíneo y uniforme, es decir, a velocidad constante (el tren). Como M´ se desplaza en dirección al rayo B y se aleja del rayo A, verá primero el rayo B, hacia el que se dirige, y solo después le alcanzará por detrás la luz del rayo A. A diferencia del señor M, que ve caer los dos rayos en el mismo instante, el señor M´ concluirá que los dos rayos han caído en momentos distintos: el observador del tren «verá antes la luz que sale de B que la que sale de A», escribe Einstein en un ensayo divulgativo en el que explica la teoría de la relatividad. A continuación, prosigue:

> Así pues, los observadores que adoptan el tren como su cuerpo de referencia tienen que llegar a la conclusión de que el destello de luz B se ha producido antes que el destello de luz A. Llegamos así a un resultado sorprendente: sucesos que son simultáneos con respecto al andén no lo son con respecto al tren, y viceversa (relatividad de la simultaneidad); cada sistema de referencia (sistema de coordenadas) tiene su propio tiempo especial. En otras palabras, una atribución temporal solo tiene sentido cuando se indica el sistema de referencia al que remite.

La velocidad de la luz emitida por los rayos no cambia al variar el sistema de referencia (ya sea el andén inmóvil o el tren en marcha), pero el tiempo que tarda la luz en llegar a los observadores está relacionado con su movimiento relativo.

El hecho de que el concepto de *simultaneidad* pueda depender del sistema de referencia tiene enormes repercusiones. Si los dos observadores han acordado sincronizar sus relojes en la posición de mediodía en el momento en que ambos rayos caen al suelo, para el señor M no supondrá diferencia alguna basarse en uno o en otro, mientras que para el señor M´ todo dependerá de cuál de ellos elija.

Galileo ya se había preguntado por los efectos que la velocidad de los sistemas de referencia puede tener en las leyes de la física. Si un barco viaja a velocidad constante, sin experimentar sacudidas, por un mar en perfecta calma, ningún experimento mecánico realizado bajo cubierta permitiría determinar si el barco está en movimiento o permanece inmóvil. Las leyes de la física se mantienen invariables, no «sienten» el efecto del movimiento. Aplicando las transformaciones matemáticas a las que daría nombre, Galileo desarrolló la primera concepción histórica explícita del principio de relatividad, publicada en 1632 en su *Diálogo sobre los dos máximos sistemas del mundo*.

El significado del término «relatividad» resulta un tanto paradójico, ya que, en esencia, se trata de la búsqueda de una «absolutidad», de una perspectiva objetiva que preserve la invariabilidad de las interpretaciones del mundo físico pese a las incoherencias aparentes. Tal era la *obsesión* de Einstein: lograr identificar las transformaciones matemáticas, las estratagemas formales, que garantizarían que las leyes físicas funcionen siempre del mismo modo, en todos los sistemas de referencia. Esa búsqueda, ese deseo, es la base del desarrollo de las dos teorías de la relatividad que marcaron el inicio de la física moderna.

La teoría de la relatividad especial, una de las formulaciones conceptuales más célebres del siglo xx, la explicará el propio Einstein en un conocido artículo publicado el mismo año de 1905: «Zur Elektrodynamik bewegter Körper» (Sobre la electrodinámica de los cuerpos en movimiento). El vínculo entre el tiempo y el movimiento de los observadores se establece a partir de dos postulados que Einstein asume como supuestos previos en su experimento imaginario.

El primer postulado es el principio de relatividad que formuló Galileo para las leyes de la mecánica, pero ampliado ahora para incluir también las leyes del electromagnetismo: las leyes de la física deben ser las mismas en todos los sistemas inerciales, y no existe ningún sistema inercial privilegiado.

El segundo es el principio de invariancia de la velocidad de la luz: la luz se propaga por el espacio vacío siempre a la misma velocidad, en cualquier sistema inercial.

Teniendo en cuenta los conocimientos de la época, estos dos postulados parecían a primera vista irreconciliables.

En efecto, la velocidad se consideraba en cualquier caso una magnitud relativa, que variaba en función del movimiento de los observadores en los diversos sistemas de referencia. Galileo también había formulado el principio de composición de velocidades. Veamos un ejemplo. Un tren pasa por una estación a 20 km/h. Si corro con un monopatín por el pasillo del vagón a 15 km/h en la misma dirección de la marcha, un pasajero del tren me confirmará que me desplazo a 15 km/h, pero, en cambio, el jefe de estación que me observa desde fuera a través de la ventanilla dirá que viajo a una velocidad de 35 km/h: para él, la velocidad a la que me desplazo es la suma de la del tren y la de mi propia marcha hacia delante en el monopatín. Si, por el contrario, corriera en sentido contrario, las dos velocidades se restarían.

Si trasladamos este razonamiento a la velocidad de la luz, abreviada *c* —por el término latino *celeritas*—, el pasajero del tren y el jefe de estación deberían ver el mismo haz de luz viajando a velocidades distintas, lo cual contradice el segundo postulado del que partía Einstein, que afirma que la velocidad de la luz es constante. El principio de relatividad galileano, que incluye el concepto de composición de velocidades, parecía irreconciliable con la invariancia de la velocidad de la luz en cualquier sistema de referencia. Era, pues, un callejón sin salida.

A menos que...

He aquí la gran intuición de Einstein: a menos que sacrifiquemos el concepto de simultaneidad. En otras palabras, la velocidad de la luz permanece constante, y las leyes de la física se mantienen invariables en relación con los dos sistemas inerciales en movimiento uno respecto al otro, tal como exigen los dos postulados, si aceptamos que los observadores M y M´ no están ni estarán nunca de acuerdo con respecto al tiempo. O dicho de otro modo: dos sucesos que acontecen en el mismo instante para un observador inmóvil acontecen necesariamente en momentos distintos para un observador en movimiento inercial.

La medición de las velocidades, y en particular la de los rayos luminosos, siempre ha intrigado a las mentes curiosas. Aristóteles cuenta que Empédocles estaba convencido de que la luz emitida por el Sol tardaba cierto tiempo en llegar a la Tierra, mientras que él no estaba de acuerdo. Defendía más bien que su viaje era instantáneo, y en ese sentido escribió: «La luz se debe a la presencia de algo, pero no es un movimiento». A diferencia de Empédocles y de quienes, como él, consideraban que la luz era de naturaleza corpórea y emanaba de algún sitio, Aristóteles la concebía como una propiedad, como un estado; algo que no alcanza a tener el estatus ontológico de sustancia, sino que es más bien un accidente, o, mejor, el accidente de un cuerpo traslúcido. Según esta concepción, la luz y la oscuridad no son más que dos cualidades distintas de un mismo cuerpo, y el paso de una a otra no implica diferencia temporal alguna: es inmediato.

Galileo fue el primero que quiso profundizar en la cuestión de la velocidad de propagación de la luz, y para ello probó a realizar un experimento con dos quinqués ubicados en dos pequeñas colinas separadas por una distancia aproximada de un kilómetro y medio. Ambos quinqués estaban cubiertos por una tela oscura. Galileo descubría su quinqué, y un discípulo, a su vez, destapaba el suyo en cuanto veía encenderse la luz en la otra loma. Entre uno y otro acontecimiento transcurría cierto tiempo, pero era demasiado poco para que Galileo pudiera apreciarlo. Su intuición, no obstante, era indudablemente correcta.

Medio siglo después del experimento de Galileo, un astrónomo danés brindó la primera demostración experimental de que la propagación de la luz no es instantánea y, por lo tanto, un rayo luminoso se desplaza para llegar de un punto a otro. En 1676, cuando estudiaba el movimiento de Ío, una de las lunas de Júpiter, en el Observatorio de París, Ole Rømer observó ciertas variaciones en el intervalo de tiempo entre sus eclipses, que a su vez parecían estar ligadas a las variaciones en la distancia entre Júpiter y la Tierra. Este efecto solo podía explicarse si la luz tenía una velocidad finita.

Sin embargo, aún no se disponía de cifras precisas al respecto. Unos años después, en su tratado sobre óptica, publicado en 1704, Newton calculó el tiempo que tardaba la luz en viajar del Sol a la Tierra, y halló un valor de entre siete y ocho minutos. Una medición increíblemente exacta para su época, habida cuenta de que el valor real es de unos ocho minutos y veinte segundos.

Más tarde, otros científicos, como Bradley y Fizeau, perfeccionaron las mediciones y confirmaron que la propagación de la luz no podía ser instantánea. En efecto, la luz se desplaza con una velocidad que no es infinita, sino que tiene un valor preciso de aproximadamente 300.000 kilómetros por segundo. En una hora, la luz recorre algo más de mil millones de kilómetros. Por muy rápida que sea, sigue necesitando tiempo para alcanzar distancias lejanas.

El experimento de los quinqués de Galileo habría dado resultados más satisfactorios si uno de ellos hubiera estado en la Luna. En ese caso el discípulo habría podido medir un retardo en la recepción de la señal luminosa de unos 1,3 segundos, que es el tiempo que tarda una onda electromagnética en recorrer los aproximadamente 380.000 kilómetros que nos separan de nuestro único satélite. Un breve retardo, no obstante, que estaba destinado a aumentar, dado que la distancia que nos separa de la Luna se incrementa cada año unos cuatro centímetros. La elevación de las masas de agua oceánicas de la Tierra a consecuencia de las mareas crea un efecto gravitatorio que, en cierto modo, *arrastra* a la Luna, lo que hace que su órbita se ensanche y se aleje de nosotros.

Así pues, el hecho de que la luz no se propagaba de manera instantánea estaba ya bien establecido cuando en 1865 James Clerk Maxwell formuló las ecuaciones del electromagnetismo. En el contexto newtoniano, los campos eléctrico y magnético eran dos ámbitos bien diferenciados, y su acción invocaba un vago concepto de fuerzas a distancia. Maxwell, con sus ecuaciones, puso de manifiesto dos cuestiones importantes: en primer lugar, una nueva perspectiva en la que el campo eléctrico y el campo magnético son en realidad dos aspectos de una misma fuerza; en segundo término, y sorprendentemente, el hecho de que las ondas electromagnéticas se propagan a una velocidad igual a la de la luz. De ello se deduce algo de suma importancia: que la luz es una forma de radiación electromagnética; una conclusión teórica que después se vería confirmada mediante los experimentos de Hertz.

Las leyes de Maxwell que describen la fuerza electromagnética, desconocida en la época de Galileo, incluyen la velocidad de la luz en el vacío. Si, como demostraban las mediciones, dicha velocidad es una constante, el principio de relatividad galileano, fuertemente anclado en la idea de la composición de las velocidades relativas, corría el riesgo de venirse abajo. El propio Maxwell pensaba que las ondas electromagnéticas eran transportadas por un éter *luminífero*, y que, por tanto, sus ecuaciones solo serían válidas en los sistemas de referencia inerciales «inmóviles» con respecto al éter. Había una contradicción en alguna parte.

Poco después, en 1887, la creencia de que la luz se propagaba soportada por una especie de éter y que su velocidad dependía del movimiento de los observadores se vio refutada experimentalmente por Albert Michelson y Edward Morley. La idea en la que se basaba su experimento era esta: si la luz procedente del Sol y de otras estrellas se propagaba a través de un éter, este debía impregnar necesariamente todo el Sistema Solar. En su órbita alrededor del Sol, la Tierra se movería entonces a través del éter, y los rayos luminosos en nuestro planeta estarían sujetos a los efectos de un «viento de éter»: un rayo de luz que se desplazara a favor del viento de éter, en el sentido del movimiento de la Tierra, recorrería un espacio distinto de un segundo rayo emitido en sentido opuesto. Empleando equipos sofisticados, los dos científicos demostraron que la luz, en contra de lo que esperaban, viaja siempre a la misma velocidad, independientemente de la dirección en la que se emita respecto al movimiento de la Tierra. Con ello el éter desaparece de la escena y la regla galileana de la composición de las velocidades pierde su validez. En el nuevo mundo que surge de aquí, la velocidad de la luz es una constante, independiente del movimiento de los observadores.

A Einstein le fascinaba el electromagnetismo desde su adolescencia. Cuando tenía unos dieciséis años imaginó, en uno de sus habituales experimentos mentales, que corría junto a un rayo de luz. Como escribiría más tarde en sus notas autobiográficas: «Debería observar el rayo de luz como un campo electromagnético en reposo»; en otras palabras, tendría que ver el rayo de luz «congelado» en el espacio. Pero eso no era posible. Las ecuaciones de Maxwell describen la luz como el movimiento y la oscilación de campos electromagnéticos. Un haz de luz que no se mueve ya no es luz. Esta incoherencia entre la relatividad de

Galileo y las ecuaciones de Maxwell era una de sus ideas fijas; suscitaba en él una auténtica «tensión psíquica» que, según recordaría más tarde, incluso hacía que le sudaran las palmas de las manos.

Su propósito era encontrar una representación de los fenómenos físicos, ya fueran las leyes de la mecánica o del electromagnetismo (las dos fuerzas conocidas hasta el momento), independiente del sistema de referencia elegido. Por entonces ya estaba claro que las transformaciones de Galileo no funcionaban.

Einstein propuso entonces sustituir las transformaciones de Galileo por otras nuevas, las ideadas por el físico holandés Hendrik Lorentz. Partiendo de la invariancia de la velocidad de la luz, las transformaciones de Lorentz permitían la «magia» de mantener igualmente invariantes tanto las ecuaciones de la mecánica relativista como las del electromagnetismo en cualquier sistema de referencia. Fue así como se llegó a formular un principio de relatividad que, gracias a las transformaciones de Lorentz, podía aplicarse a todas las leyes de la física. Sin duda un gran logro: la tan anhelada invariancia.

El punto de partida de la revolución que vino a trastornar el mundo físico tal como lo conocíamos reside en esa constatación. La velocidad de la luz es una constante, que no cambia al pasar de un sistema de referencia a otro.

El ascenso de categoría de la velocidad de la luz, convertida ahora en una magnitud ya no relativa al observador, sino invariante, negaba la posibilidad de que el espacio y el tiempo pudieran ser absolutos, así como de que pudieran constituir realidades independientes. La constancia de la velocidad de la luz los unía a ambos en una especie de tango eterno. Entraba en escena el concepto de espaciotiempo. Y el tiempo, flanqueando la tríada espacial, se convertía en la cuarta dimensión.

Como sabemos, la velocidad viene dada por la relación entre el espacio recorrido y el tiempo empleado en recorrerlo; es decir: $v = e / t$. La visión newtoniana de un tiempo y un espacio absolutos solo era compatible con la posibilidad de que la velocidad de la luz adoptara valores distintos para los observadores en movimiento. Una vez confirmado que la velocidad de la luz es constante e independiente de cómo se muevan los observadores, el espacio y el tiempo deben poder «ajustarse» entre sí para que su relación permanezca constante, igual a la velocidad de la luz para cualquier observador.

Con la introducción conceptual de la relatividad especial surge una nueva realidad que nuestros cinco sentidos no habrían podido adivinar.

El famoso ejemplo —siempre imaginario— propuesto por Einstein para ilustrar la relación existente entre la velocidad de la luz y la dilatación del tiempo es el de los gemelos. Reformulándolo un poco, supongamos que los gemelos se llaman Máximo y Esteban, y que es el día de su décimo octavo cumpleaños. Máximo decide embarcarse en una nave espacial para realizar un viaje de ida y vuelta al espacio profundo de un año de duración, desplazándose a una velocidad cercana a la de la luz, digamos el 99 % de c. Pasa el tiempo. Máximo, que ha prometido a su hermano gemelo que regresará al cabo de un año, mira su calendario, y, al ver que han transcurrido seis meses, invierte el rumbo de la nave espacial y vuelve a casa a tiempo para celebrar juntos un nuevo cumpleaños. Aquí empiezan a suceder cosas extrañas. Esteban observa con un telescopio el regreso de su hermano, y se queda atónito: la nave, que en la Tierra medía 100 metros de largo, ahora le parece mucho más corta, de solo unos 14. Y las sorpresas no terminan ahí. Cuando Máximo vuelve a casa espera encontrar 19 velas en el pastel. Pero resulta que Esteban celebra su vigésimo sexto cumpleaños. Con respecto a su hermano, que partió en la nave y luego, invirtiendo el rumbo, regresó a la Tierra tras un año de viaje a casi la velocidad de la luz, Esteban ha envejecido siete años.

Para dos observadores que se mueven uno respecto al otro en sistemas de referencia inerciales, el tiempo transcurrido entre dos sucesos ya no es el mismo. Tampoco tendrán la misma opinión sobre el tamaño de un objeto. La dilatación del tiempo y la contracción de la longitud van de la mano: allí donde se produce uno de esos dos efectos se produce también el otro. Y ello no es consecuencia de un cambio de perspectiva o de percepciones divergentes: sencillamente se modifica la propia realidad, tal como confirman hoy abundantes pruebas experimentales.

Un laboratorio ideal para poner a prueba la teoría de la relatividad especial es el espectacular mundo de los rayos cósmicos. Estas astropartículas, cargadas eléctricamente y constituidas en su mayor parte de protones, llegan del espacio profundo viajando a velocidades cercanas a la de la luz.

Cuando entran en la atmósfera, a unos 20-50 kilómetros sobre la superficie terrestre, chocan con los núcleos de oxígeno y nitrógeno presentes a esas altitudes y se descomponen en una cascada, una fantástica llovizna de partículas elementales, entre las que se encuentran los muones. Y aquí empiezan las rarezas. Los muones son partículas muy inestables. Tienen una vida muy corta, de unos 2,2 microsegundos; pasado ese tiempo se desintegran y se convierten en otra cosa. Imaginemos los muones como unas partículas azules que, transcurridos unos 2,2 microsegundos, ¡plaf!, se vuelven rojas. Dada su brevísima vida, viajando a velocidades cercanas a la de la luz solo deberían poder recorrer un corto trecho, unos 660 metros, en las capas más altas de la atmósfera antes de «morir» y cambiar de color, sin que llegue a advertirse su presencia. Cabría esperar, pues, que al nivel del mar, decenas de kilómetros más abajo, solo se vieran partículas rojas. Pero no es eso lo que ocurre: abundan las partículas azules, los muones. Y aquí es donde entra en juego la relatividad especial. El tiempo de vida de unos 2,2 microsegundos es el que se mide en el laboratorio, cuando el muón está en reposo. Si el muón llevara consigo un reloj, el tiempo calculado en su sistema de referencia antes de desintegrarse sería de 2,2 microsegundos. En cambio, para nosotros, que lo observamos desde otro sistema de referencia —desde la Tierra—, el muón no permanece inmóvil, sino que viaja prácticamente a la velocidad de la luz. Nuestro reloj mediría un tiempo de desintegración dilatado con respecto al que marcaría el suyo. En otras palabras, un muón en movimiento tiene una vida más larga que uno inmóvil. Al desplazarse a velocidades cercanas a la de la luz su tiempo de vida aumenta, puede llegar a ser decenas de veces más largo. La partícula tendrá entonces tiempo de sobra para desplazarse y seguir siendo muón hasta el nivel del mar.

La dilatación del tiempo de desintegración, consecuencia de un cambio de sistema de referencia, permite explicar de forma lúcida y coherente la observación de muones a nivel del mar. La relatividad especial, surgida de experimentos mentales, dio a la ciencia una perspectiva inesperada.

La velocidad de la luz, invariante para los observadores en sistemas inerciales, puede cambiar, no obstante, cuando se propaga en un medio distinto del vacío. Más concretamente, dicha velocidad, de unos 300.000 km/s en el vacío, disminuye cuando la luz atraviesa otros elementos como el vidrio o el agua. En efecto, al estar compuesta por la superposición de ondas electromagnéticas, la luz interactúa con los materiales que atraviesa. Sus fotones son constantemente absorbidos y reexpedidos por los átomos, y este fenómeno requiere cierto tiempo. En el agua, por ejemplo, la luz se ralentiza hasta desplazarse a unos 225.000 km/s, el 75 % de su velocidad en el vacío. La cosa cambia si, en lugar de los fotones, consideramos el caso de los neutrinos, que se desplazan a una velocidad próxima a la de la luz en el vacío, y, dado que interactúan muy débilmente con la materia, no se ven ralentizados por ella. En una carrera a nado entre un rayo de luz y un neutrino ganaría, pues, el segundo.

Con respecto a la capacidad de la luz para *sumergirse* y *nadar* en el agua, hay una historia interesante que contar.

«¿Quién es esa que saluda? ¿La conoces?», preguntó Niní desde la otra barca. «Ni siquiera me volví —recuerda Massimo en *Herido de muerte*, de Raffaele La Capria—; estaba mirando el fondo. El lugar adecuado para sumergirme. ¡Qué agua había aquel día!». Se trata de una historia útil cuando, como Massimo, uno busca el punto propicio para lanzarse al agua y capturar un sargo que ha vislumbrado en el mar.

Debido a un efecto físico llamado refracción, cuando una onda electromagnética, la luz, atraviesa con un cierto ángulo de incidencia la superficie que separa dos elementos distintos (en este caso el aire y el agua), el ángulo con el que se propaga varía: se reduce. Por eso, cuando observamos una cucharilla sumergida en medio vaso de agua, esta nos parece «partida». Un rayo de luz que desde un punto A se *sumerge* en el mar con una determinada inclinación desvía su trayectoria en cuanto entra en el agua. El ángulo, respecto a la vertical, disminuye.

Imaginemos ahora que, bajo el agua, el rayo de luz desviado pasa por un punto B. Su trayectoria, que parte de A para llegar a B, parecerá «partida» en dos segmentos que tienen ángulos distintos. La trayectoria del rayo de luz que une A y B tiene algo especial: no es la distancia más *corta* entre esos dos puntos, pero sí la más *breve*. Si desde la playa se vislumbrara en el agua a un submarinista necesitado de auxilio, para llegar lo antes posible en su ayuda habría que sumergirse siguiendo una trayectoria «quebrada» similar a la que seguiría la luz; como si la trayectoria del rayo tuviera en cuenta el hecho de que en el agua, al nadar, uno se mueve más despacio.

En otras palabras: la luz no tiene tiempo que perder. Tal es, en cierto modo, la apasionante información que encierra ese cambio de ángulo.

Aquel año de 1905 —como decíamos, el auténtico *annus mirabilis* de la física—. Einstein produjo otros tres artículos de fundamental importancia. En efecto, antes de presentar la teoría de la relatividad, había publicado «Un punto de vista heurístico sobre la producción y transformación de la luz» (en alemán, «Über einen die Erzeugung und Verwandlung des Lichtes betreffenden heuristischen Gesichtspunkt»). Con este texto sentó las bases para el nacimiento de la mecánica cuántica al explicar el efecto fotoeléctrico, es decir, la absorción y emisión de radiación electromagnética (como, por ejemplo, la luz) por parte de los cuerpos físicos. Einstein postuló la revolucionaria idea de que la radiación luminosa, en su naturaleza más intrínseca, está compuesta de «cuantos de luz», pequeños paquetitos luminosos. Esta idea, surgida de la lectura de los trabajos de Max Planck, contrasta con las ecuaciones de Maxwell: en efecto, para este último la radiación electromagnética es de naturaleza ondulatoria.

En realidad ambos científicos tenían razón. Hoy, que la luz tiene naturaleza de partícula es una realidad establecida, y solemos llamar «fotones» a los cuantos de luz. Con su artículo, Einstein puso la primera piedra de los estudios sobre el efecto fotoeléctrico que le valdrían el Premio Nobel de Física en 1921.

El segundo de los artículos de 1905 tampoco tiene nada que ver con la relatividad. Lleva por título «Sobre la teoría cinético-molecular del movimiento debido al calor de partículas suspendidas en líquidos en reposo» (en alemán, «Über die von der molekularkinetischen Theorie der Wärme geforderte Bewegung von in ruhenden Flüssigkeiten suspendierten Teilchen»).

Aquí Einstein brindaba una explicación teórica del movimiento browniano, un fenómeno descubierto por Robert Brown en 1827 en referencia al movimiento de pequeñas partículas en los líquidos. Brown había advertido que, si se observa al microscopio el comportamiento de un grano de polen en el agua, este parece moverse de forma desordenada, cambiando constantemente de dirección. Einstein llegó a entender por qué.

Un grano de polen es tan diminuto que puede sentir individualmente los impactos de las moléculas del agua: con cada colisión con una molécula de agua, el grano de polen cambia de dirección. Era la primera vez que se proponía una explicación cuantitativa y matemática de este fenómeno en apariencia caótico. Y en las páginas del artículo Einstein hizo una aportación decisiva a nuestra comprensión de la naturaleza microscópica de los líquidos y de cómo se mueven las moléculas en su interior.

Por último, Einstein añadió un nuevo artículo sobre la teoría de la relatividad. Y lo hizo planteando una pregunta que ya estaba presente en el propio título: «¿Depende la inercia de un cuerpo de su contenido de energía?» (en alemán, «Ist die Trägheit eines Körpers von seinem Energieinhalt abhängig?»). En este artículo exploraba las consecuencias de la relación entre masa y energía; y, para comprender la importancia de sus páginas, basta con anticipar que en ellas aparecía por primera vez la que sería la fórmula más famosa de la historia, conocida de forma abreviada como $E = mc^2$.

La grandeza de Einstein reside en su peculiar capacidad para desarrollar una visión de conjunto de las teorías y experimentos físicos de vanguardia de su época en busca de una interpretación más universal. Hace falta curiosidad, determinación y una paciencia extraordinaria para plantearse nuevas preguntas y no detenerse en las primeras respuestas. Einstein consiguió así desarrollar una teoría que tenía en cuenta todo el conocimiento de los fenómenos físicos disponible en aquel momento, ya fuera experimental o teórico. Para un científico de la época no resultaba nada fácil orientarse entre tantos resultados que a primera vista se revelaban sorprendentes, a veces irreconciliables, y que no parecían permitir una coherencia global. Einstein lo logró: variando de perspectiva, evaluando nuevas convicciones y apoyándose en su intuición, lo cambió todo a base de matemáticas.

En la burbuja de realidad a la que tenemos acceso nunca habríamos llegado a percibir esos efectos relativistas, aparentemente increíbles. La dilatación del tiempo y la contracción de las distancias apenas empiezan a ser perceptibles, del orden del 5 por mil, a partir de valores de velocidad superiores a 1/10 de la de la luz, unos 30.000 km por segundo.

También es posible constatar los efectos concretos de la dilatación del tiempo con el cambio de velocidad en un avión. En un experimento realizado en 1971 se colocó un reloj de altísima precisión en un avión que volaba hacia el este y otro en un avión que volaba hacia el oeste, mientras que se dejó un tercero inmóvil en tierra en el punto de partida. Cuando los dos aviones llegaron a su destino, sus respectivos relojes mostraban una diferencia de cien nanosegundos: una ralentización del tiempo minúscula pero mensurable.

La teoría de la relatividad especial de 1905 solo explica una parte de la dilatación del tiempo observada en este experimento. El campo gravitatorio, que se debilita al aumentar la altitud, también desempeña un papel aquí. Pero Einstein solo formularía este efecto más tarde, en su teoría de la relatividad general.

En el origen del revolucionario concepto de espaciotiempo subyace, pues, una fórmula matemática. La velocidad de la luz, como magnitud física absoluta, vincula el espacio y el tiempo, interconectándolos en una relación inexorable y necesaria.

La formulación de un espaciotiempo de cuatro dimensiones se debe a Hermann Minkowski, que en 1908, tres años después de la publicación de la relatividad especial, anunció en un congreso: «En adelante, el espacio en sí o el tiempo en sí están destinados a desvanecerse en meras sombras, y tan solo la unión de ambos conceptos preservará una realidad independiente».

En la relatividad especial, los valores del espacio o del tiempo difieren para los distintos observadores. Pero Minkowski encontró la manera de combinarlos, mediante una formalización del espaciotiempo que permitía una descripción matemática de los sucesos en la que todos los observadores podían coincidir.

En la representación tetradimensional del espaciotiempo ideada por Minkowski, el pasado y el futuro están ubicados en el interior de sendos conos especulares, cuyos vértices se encuentran en un punto, el presente. La totalidad de la realidad física solo es posible dentro de dichos conos, en cuyo borde se sitúa el mundo de lo que se desplaza a la velocidad de la luz. Como nada puede viajar más deprisa que la luz, el espaciotiempo del exterior de los conos resulta inaccesible. Por lo tanto, las trayectorias de todos los objetos físicos están contenidas en su interior.

En un primer momento, la idea de Minkowski le pareció demasiado complicada a Einstein. Pero no tardó en cambiar de opinión, y la estructura del espaciotiempo por él descrita resultaría esencial para desarrollar la teoría de la relatividad general.

El tiempo se convierte así en una nueva dimensión que se añade a las tres coordenadas espaciales. Para poder ser identificado, cada punto del universo necesita tres coordenadas espaciales y el tiempo medido por el reloj correspondiente.

En un espacio euclidiano bidimensional con coordenadas espaciales (x, y), la longitud de una regla L viene definida por el conocido teorema de Pitágoras $L^2 = x^2 + y^2$.

Imaginemos ahora que el caso bidimensional corresponde a la regla apoyada en una mesa. Levantamos uno de sus extremos, dejando apoyado el otro. La regla ocupa ahora un espacio tridimensional, y para describir su longitud debemos añadir la coordenada de la altura, llamémosla z', respecto a la mesa. La longitud de la regla puede calcularse utilizando la versión tridimensional del teorema de Pitágoras: $L^2 = x'^2 + y'^2 + z'^2$, donde x' e y' son las proyecciones de la regla sobre la mesa.

Más difícil resulta imaginar a continuación una longitud o, mejor, un intervalo en un espaciotiempo de cuatro dimensiones (4D).

En la métrica tetradimensional del espaciotiempo de Minkowski, las tres coordenadas espaciales siguen siendo x, y, z, mientras que el tiempo t se «espacializa» multiplicándolo por la velocidad de la luz. De ese modo se obtiene la coordenada ct que tiene las mismas dimensiones que las espaciales, lo que posibilita hacer sumas y restas. En el espacio de Minkowski, cada punto queda identificado, pues, por el cuarteto x, y, z, ct.

Así, el procedimiento pitagórico puede hacerse extensivo también al caso de un espacio de cuatro dimensiones. La ecuación necesaria para ello, una especie de *avatar* del teorema de Pitágoras, nos permite calcular el intervalo espaciotemporal.

Una pequeña discrepancia de valores puede formalizarse en matemáticas con una d, que en este caso representa la diferencia, o mejor, el diferencial entre dos puntos infinitamente próximos. Así, la distancia temporal entre dos puntos próximos A y B puede expresarse como $dt = (t_B - t_A)$, mientras que su distancia espacial será $dx = (x_B - x_A)$, y lo mismo vale para dy y dz.

Al usar el avatar del teorema de Pitágoras en un espaciotiempo de cuatro dimensiones, donde sustituimos t por ct, la distancia s entre un par de puntos próximos A y B se calcula, utilizando la métrica de Minkowski, como $ds^2 = c^2 dt^2 - dx^2 - dy^2 - dz^2$. Si introducimos la versión tridimensional del teorema de Pitágoras para las coordenadas espaciales, $dl^2 = dx^2 + dy^2 + dz^2$, el conjunto se simplifica en $ds^2 = c^2 dt^2 - dl^2$. Esta breve ecuación representa una especie de longitud no euclidiana calculada en el espaciotiempo.

La distinción entre espacio y tiempo se mantiene precisamente por el hecho de que el término espacial va precedido del signo menos. El teorema de Pitágoras en el caso de las cuatro dimensiones espaciotemporales adopta una forma insólita: aquí el cuadrado de la hipotenusa es igual al cuadrado de un cateto menos el cuadrado del otro. Ese signo *menos*, inherente a la construcción de la métrica de Minkowski, puede parecer sorprendente, pero es el secreto de las diversas manifestaciones del espacio y del tiempo en la naturaleza. Y en el marco de la relatividad especial, el valor numérico del intervalo de espaciotiempo no se ve afectado, pues, por el cambio de sistema inercial.

Volviendo al famoso tren en marcha de Einstein, el hombre que viaja en el tren y el jefe de estación que permanece inmóvil en el andén tendrán sin duda una opinión distinta sobre el tiempo transcurrido entre dos sucesos. Pero si en lugar del intervalo de tiempo calcularan el intervalo espaciotemporal ds, ¡ambos coincidirían en el resultado! En lo que respecta al intervalo espaciotemporal, podemos cambiar nuestro sistema de referencia (inercial) como quien cambia de camisa. Elegir un nuevo sistema de referencia modifica, obviamente, el valor de las coordenadas, pero no el intervalo entre dos puntos del espaciotiempo. Ese intervalo de espacio-tiempo es el mismo para todos los observadores inerciales. He aquí, pues, otro elemento constitutivo de la teoría de la relatividad, una absolutidad cristalizada en ese signo *menos* de la ecuación $ds^2 = c^2 dt^2 - dl^2$.

¡Fantástico: tenemos un nuevo invariante! Los invariantes son tan valiosos que hay quien afirma que toda la física se basa en su investigación. Introducen simplicidad, derriban privilegios entre sistemas de referencia y ponen de acuerdo a todo el mundo.

La relatividad especial o restringida, tal como se dio a conocer en el artículo de 1905, describe, pues, el funcionamiento del universo a velocidades extremadamente altas. El espacio y el tiempo se unen para mantener constante el valor de la velocidad de la luz. El tiempo es percibido de manera distinta por los diferentes observadores, y transcurre de forma diversa en función de sus velocidades relativas. Ya no hay simultaneidad. El tiempo puede dilatarse y las longitudes pueden contraerse. Es en este contexto donde surge la fórmula $E = mc^2$.

Una nueva relación indisoluble se añade al eterno vínculo entre espacio y tiempo: la que existe entre la masa y la energía. Como explicaba el propio Einstein, «una de las consecuencias de la relatividad especial es que la energía y la masa son manifestaciones distintas de una misma cosa, un concepto bastante extraño para una mente ordinaria».

Sabemos por experiencia lo agotador que resulta empujar un carrito lleno hasta arriba hacia la caja del supermercado. En la mecánica newtoniana, la energía que hay que gastar para vencer la inercia de un cuerpo a fin de moverlo e imprimirle una determinada velocidad viene dada por la ecuación $E = mv^2 / 2$, donde m es la masa y v la velocidad del cuerpo. Empleando la cantidad de energía apropiada, teóricamente podría alcanzarse cualquier velocidad.

En la relatividad especial no ocurre así. No se puede alcanzar cualquier velocidad porque no es posible viajar más rápido que la luz. A medida que nos acerquemos al límite de la velocidad de la luz será cada vez más difícil aumentar la velocidad de un cuerpo. La velocidad de la luz es un límite infranqueable: para acelerar un cuerpo hasta alcanzarla se requeriría una cantidad infinita de energía.

Si se requiere cada vez más energía para acelerar un cuerpo a velocidades próximas a la de la luz, se plantea la cuestión de dónde va a parar la energía inyectada en ese cuerpo que no se transforma en velocidad. Respuesta: se convierte en masa, la otra única magnitud en juego.

He aquí, pues, una de las consecuencias más paradójicas de la relatividad especial. En la mecánica newtoniana (y, por lo tanto, en nuestra experiencia cotidiana), la masa de un cuerpo permanece constante, y su velocidad y aceleración dependen únicamente de la fuerza aplicada. En la revolución que desencadenó Einstein en el ámbito de la física, la masa de un cuerpo ya no es una constante fija, sino que aumenta como resultado de la energía que no se convierte en velocidad. Conforme la velocidad de un cuerpo se aproxima a la de la luz, su masa aumenta cada vez más; y cuanto más aumenta la masa, más difícil resulta acelerar su movimiento.

El efecto es extraordinario. La masa y la energía ya no son dos realidades independientes, sino que pueden transformarse la una en la otra según la fórmula $E = mc^2$. El factor de transformación es el término c^2. La masa m debe entenderse como la masa del cuerpo en reposo, m_o, que es una invariante, multiplicada por un factor gamma que aumenta a medida que la velocidad de la partícula se acerca a la de la luz. Masa y energía resultan ser dos manifestaciones de una misma realidad. De nuevo, dos conceptos que en la física newtoniana eran independientes pasan a estar inextricablemente unidos. La masa puede convertirse en energía, o mejor dicho: la energía atrapada en la masa puede liberarse. A su vez, la energía puede producir masa. En ambos casos con un factor que no cambia: la velocidad de la luz al cuadrado. Si se convirtiera íntegramente en energía un kilogramo de masa, se obtendría una cantidad equivalente a la producida durante tres años por una central nuclear de un gigavatio, suficiente para abastecer a cientos de miles de hogares.

Y, como hemos señalado, también la energía puede transformarse en masa. Es lo que ocurre en los aceleradores de partículas y en el transcurso de fenómenos astrofísicos violentos como las explosiones de supernovas. Dos fotones (cuantos de luz que poseen energía y momento, pero no masa en reposo) pueden dar lugar a diversos pares de partículas, cuya masa dependerá de cuánta energía posean. Así, pueden aparecer «de la nada» partículas dotadas de masa como, por ejemplo, un par electrón/positrón o un par protón/antiprotón. Y sus características dependerán de la energía de los fotones de los que surgen: $E = mc^2$. Esta es la fórmula mágica que posibilita que las colisiones generadas en los aceleradores creen nuevas partículas y antipartículas, transformando la energía cinética en energía de masa.

Un movimiento se convierte en un objeto; un atributo, en un cuerpo.

También el Sol brilla gracias a la fórmula $E = mc^2$. La estrella que nos alumbra durante el día se alimenta de reacciones nucleares que básicamente convierten cuatro protones en un núcleo de helio. Pero cuatro protones pesan alrededor de un 0,5% más que un átomo de helio: esta diferencia de masa se convierte en energía, en luz que el Sol irradia. En las estrellas la materia se transforma, aunque solo parcialmente, en luz. En el universo primigenio observamos el hechizo inverso: cómo la energía se convierte en materia; el milagro, la maravilla, como en el título de un cuadro de Boetti, de *dar a luz al mundo*.

La relatividad especial dibuja un mundo físico radicalmente transformado con respecto al de la física clásica. Más complejo, y sin duda más completo. De hecho, el espacio y el tiempo absolutos ya no existen, y en su lugar se ven reemplazados por nuevos absolutos, la velocidad de la luz o el cuadrado del intervalo espaciotemporal. Junto con ellos, caen los fundamentos de la escenografía newtoniana de los acontecimientos físicos: la ilusión del movimiento absoluto y la simultaneidad absoluta. Ahora todo movimiento es relativo al sistema de referencia. No existe ningún sistema inercial privilegiado con respecto a los demás. Del límite absoluto de la velocidad de la luz nace la equivalencia entre masa y energía, que se traduce en el aumento exponencial de la masa relativista cuando se intenta acelerar un cuerpo hasta la velocidad de la luz.

Los principios fundamentales de la relatividad especial se basan en sistemas que se mueven unos con respecto a otros en línea recta y a velocidad constante. Pero Einstein quería ampliar su reflexión sobre la relatividad para incluir en su formulación los sistemas de referencia acelerados. Y para ello tendría que partir de nuevo de la pregunta que Newton había dejado abierta, confiándola al lector: ¿cuál es la auténtica naturaleza de la fuerza de la gravedad?

3

La gravedad cambia de naturaleza

Y se transforma en geometría

La ley de la gravitación universal formulada por Newton establecía, en pocas palabras, que la atracción entre dos cuerpos depende solo de un par de atributos: su masa y la distancia que los separa. Pero no aclaraba de qué modo dos o más cuerpos separados por millones de kilómetros podían influir en su movimiento recíproco. Newton se había planteado esa pregunta en los *Principia*, y la había dejado sin respuesta.

Más de doscientos años después, la cuestión surgió de nuevo en un contexto en el que se había abierto paso una nueva perspectiva: el asombroso ascenso de la velocidad de la luz a la categoría de magnitud absoluta, con su nuevo y majestuoso estatus de límite infranqueable. Quedaba así definitivamente descartada la posibilidad de que la atracción gravitatoria entre dos cuerpos pudiera actuar de manera instantánea.

Cuando Albert Einstein empezó a interesarse por el tema, la comunidad científica no parecía demasiado inclinada a abrir un debate de ese tipo. Sin embargo, aunque el siglo se había iniciado con la *distópica* afirmación, atribuida a Lord Kelvin, de que la física ya no iba a deparar ninguna sorpresa, el planteamiento de Einstein, que combinaba diversas perspectivas con experimentos mentales, trastocaba absolutos, transformaba el tiempo y componía relatos jamás contados sobre el mundo, nos había propulsado ya muy lejos. La relatividad especial había establecido que ninguna señal o forma de «influencia» puede viajar más deprisa que la luz. Por lo tanto, la atracción gravitatoria que actúa entre dos cuerpos distantes implica necesariamente un compás de espera. Quedaba por entender ahora cómo podía producirse esa atracción, esa capacidad de influenciarse mutuamente a distancia. Pero arrojar luz sobre este tema no era la única meta de Einstein: uno de sus principales objetivos era la búsqueda de una teoría de la relatividad que permitiera extender, *generalizar*, la relatividad restringida de modo que incluyera también los sistemas de referencia acelerados junto a los inerciales; que, por lo tanto, hiciera invariables las leyes de la física independientemente del movimiento de los observadores y de las características de sus sistemas de referencia.

La intuición decisiva le llegó en 1907, dos años después del desarrollo de la relatividad especial, mientras estaba en su escritorio en la oficina de patentes de Berna; una intuición que establecía por primera vez una inesperada correspondencia, un insólito vínculo entre dos conceptos aparentemente distantes. Entre una fuerza y un atributo. Entre la gravedad y la aceleración. Su equivalencia sería la fórmula mágica que permitiría rediseñar el universo, aunque de todos modos la elaboración formal de esta idea requeriría aún otros diez años de trabajo.

Para visualizar la relación entre gravedad y aceleración, empecemos con un ejemplo. Imaginemos que estamos en la cabina de un ascensor desde la que no podemos observar lo que hay fuera. Nuestros pies se apoyan en el suelo con firmeza. Aunque no podamos ver el exterior, es fácil suponer que la cabina está inmóvil y que apoyamos los pies de tal modo por efecto de la gravedad terrestre. Sin embargo, podría haber otra explicación para la misma circunstancia. Podríamos estar en la misma cabina, pero viajando a través del vacío del espacio profundo con una aceleración igual a la gravitatoria. Gracias al solo efecto de la aceleración nuestros pies permanecerían firmemente plantados en el suelo de la cabina. Básicamente se trata de la misma sensación que experimentamos cuando un coche da un acelerón y nos vemos empujados hacia atrás, o cuando un ascensor acelera en su ascenso y sentimos un tirón hacia abajo. Imaginemos ahora una situación distinta, con una dinámica inversa. Nos encontramos en un ascensor desde el que no podemos observar el exterior y que se precipita hacia el suelo desde el trigésimo piso. Estamos, pues, en caída libre, y, sin tener donde sujetarnos, flotamos en el aire. Pero ¿quién nos asegura que estamos realmente en un ascensor que cae porque, por ejemplo, se ha roto el cable que lo sustenta? También podríamos hallarnos en una nave espacial que, en ausencia de gravedad, se desplaza por el espacio a una velocidad constante. Y de nuevo nosotros, sin nada a lo que agarrarnos, nos encontramos flotando en el aire.

Resumiendo: permanecer inmóvil con los pies apoyados en el suelo en presencia de gravedad es una situación equivalente a viajar por el espacio en una nave en aceleración; y estar en caída libre en un ascensor que cae es como encontrarse en una nave espacial que viaja libremente por el espacio a velocidad constante. ¡Genial! Sin embargo, resulta una idea paradójica en extremo. La relatividad especial enunciaba el principio de equivalencia para los sistemas inerciales, y ahora encontramos la misma equivalencia para los sistemas en aceleración simplemente incluyendo la fuerza de la gravedad. La relatividad especial válida para los sistemas inerciales se convierte en relatividad general al hacer extensivo su ámbito de aplicación también a los sistemas acelerados.

La equivalencia entre gravedad y aceleración: he aquí la gran intuición de Einstein. Como él mismo escribiría algún tiempo después:

Fue entonces cuando tuve el pensamiento más feliz de mi vida, en la siguiente forma. El campo gravitatorio solo tiene una existencia relativa... De hecho, para un observador que cae desde el tejado de una casa, no existe —al menos en la inmediata proximidad— campo gravitatorio alguno. En efecto, si el observador deja caer cuerpos, estos permanecen en un estado de reposo o de movimiento uniforme con respecto a él.

Dicho de otro modo, en un sistema de referencia en caída libre no es posible percibir de manera alguna la presencia de la gravedad terrestre. La gravedad no parece ser, pues, una fuerza real, sino solo aparente, dado que, al elegir el sistema de referencia adecuado, su efecto deja de sentirse.

En suma: en un sistema en caída libre, como en un truco de prestidigitación, la fuerza de la gravedad desaparece.

En este juego de espejos, desencadenado por la enorme intuición de la equivalencia entre gravedad y aceleración, la realidad y las apariencias se reconstruyen bajo un nuevo ángulo, y las piezas del rompecabezas en el que Einstein llevaba tiempo trabajando empiezan a encajar. Con maravillosa sencillez. Quedaba pendiente la cuestión, sin duda no menor, de la *imposible* simultaneidad de la atracción gravitatoria entre los cuerpos.

Einstein reflexionaba sobre un dilema. Entre el Sol y la Tierra hay una distancia de 150 millones de kilómetros. Ese espacio, que hasta entonces no se consideraba más que un escenario pasivo, en realidad podría desempeñar un papel en la dinámica de su atracción mutua. Cabe señalar que no mucho antes los físicos habían estudiado un problema similar, aplicado al caso de la atracción de dos cargas eléctricas, y habían llegado a la conclusión de que la existencia de un campo electromagnético que impregna el espacio en el que se hallan inmersas las cargas *informa* a estas de que deben atraerse. Einstein partirá de esta formulación, pero la llevará aún más lejos: no es que haya un campo gravitatorio que, impregnando el espaciotiempo, comunique e *informe* a los cuerpos de la presencia de la fuerza de la gravedad, sino que (¡atención!: este es un tremendo salto conceptual) el campo gravitatorio es el propio espaciotiempo.

Para proseguir sus investigaciones, Einstein tuvo que aprender nuevos métodos matemáticos, superar arraigados prejuicios y estudiar geometrías alternativas. Y en noviembre de 1915, separados por una semana de diferencia, publicó cuatro artículos que vendrían a definir el alcance de la revolución de la relatividad general (la versión definitiva de la teoría de la relatividad general se publicaría el año siguiente, 1916).

Se produce aquí una inversión de perspectiva radical. Para Einstein, el espaciotiempo, en ausencia de materia, puede concebirse como una especie de membrana de goma lisa y tensa. Si colocamos una pelota sobre la membrana y la empujamos hacia delante, se desplazará siguiendo una trayectoria rectilínea. Pero si colocamos una gran bola de mármol en el centro de esa membrana elástica, se deformará, creando una especie de hondonada. La pelota lanzada hacia delante ya no se desplazará en línea recta, sino que lo hará a lo largo de esta nueva curvatura.

Imaginemos, pues, el universo desde esta perspectiva. Si disponemos los cuerpos celestes sobre la membrana de goma lisa y tensa, la veremos deformarse. El patrón que surja determinará, en consecuencia, el movimiento de los objetos que se desplacen sobre ella. La definición de este paisaje flexible y dinámico confiere a la fuerza de la gravedad una connotación geométrica que la aleja de la idea newtoniana de una fuerza misteriosa que actúa a distancia. En el contexto de la relatividad general, el movimiento de dos cuerpos que se atraen no es más que el efecto de la curvatura del espaciotiempo deformado por la propia presencia de masa.

Repasemos bajo esta misma luz los movimientos de las esferas celestes. La Tierra gira alrededor del Sol ya no porque su órbita sea el resultado del equilibrio entre la fuerza de gravedad y la velocidad inercial; su movimiento constituye más bien la trayectoria natural de una pelota lanzada en línea recta sobre una superficie elástica que encuentra en su camino una hondonada imaginaria: el espaciotiempo curvado por la presencia de nuestra estrella. Su trayectoria se curva también, y la Tierra rueda por un contorno dibujado en el espaciotiempo alrededor del Sol, en un perpetuo orbitar. Se revela así la naturaleza de la gravedad: ya no es una fuerza que atrae, que retiene a un cuerpo que querría escapar, sino una trayectoria que surge de la curvatura del espaciotiempo, un camino por el que deslizarse sin resistencia.

El universo se convierte en un paisaje vivo y suave, hecho de valles y puntos de equilibrio, de líneas curvas por donde los objetos se mueven con fluidez, ya no baqueteados por una fuerza de gravedad que los empuja y tira de ellos. Cambian los papeles. Y ella, Su Majestad la Gravedad, se transforma en ese dibujo sinuoso impreso por la mano de la materia y la energía en el tejido elástico del universo.

Einstein tardó diez años en determinar exactamente cómo se deformaba el espaciotiempo con una cierta cantidad de materia o energía. Trabajó durante largo tiempo, con una perspectiva geométrica, en ecuaciones de campo con las que era posible calcular con gran precisión las trayectorias de todo lo que se desplaza por el espaciotiempo: planetas, satélites, pero también la trayectoria de un rayo de luz que necesariamente debe curvarse al atravesar el valle u hondonada de espaciotiempo creado por una estrella. Porque, en efecto, hasta un rayo de luz, pese a estar hecho de fotones carentes de masa, puede «sentir la gravedad» en tanto su trayectoria sigue la geometría deformada del espaciotiempo. ¡Menuda sorpresa se habría llevado Newton! Resulta que hasta sin masa se puede *caer*: da igual que sea un rayo de luz que una manzana. La prueba experimental de la curvatura de la trayectoria de un rayo de luz en las proximidades de una masa de gran envergadura llegó en 1919, durante el eclipse total de Sol que se produjo ese año. La Real Sociedad Astronómica de Londres envió dos expediciones para observarlo desde lugares muy distantes entre sí: Arthur Eddington, director del Observatorio de Cambridge, partió hacia la isla de Príncipe, en el golfo de Guinea; Andrew Crommelin, del Observatorio de Greenwich, viajó en cambio a Sobral, en Brasil.

Ya en otros intentos de medición anteriores se había considerado que los eclipses de Sol brindaban una oportunidad ideal para observar la desviación de la luz procedente de estrellas lejanas. Comparando la posición de ciertas estrellas en el cielo nocturno con la posición observada durante un eclipse total se podría constatar el efecto en la trayectoria de la luz de la curvatura del espaciotiempo debida a la presencia del Sol. Si Einstein estaba en lo cierto, las posiciones de las estrellas deberían ser ligeramente distintas de las observadas de noche. La Real Sociedad Astronómica recibió la buena noticia el 29 de mayo con un telegrama de Eddington: se había observado la desviación. Se impuso la autoridad académica de Eddington, y aquellas imágenes se consideraron la primera verificación experimental de la teoría de la relatividad general. Los resultados, anunciados el 7 de noviembre de 1919, dieron la vuelta al mundo, acaparando las portadas de los periódicos y reafirmando la popularidad de Einstein. El *New York Times* informó de la noticia con gran entusiasmo: «Triunfa la teoría de Einstein. Las estrellas no están donde parecían estar... Pero no hay por qué preocuparse».

La luz se curva en presencia de grandes masas. ¿Y qué hay del tiempo y su transcurrir? Con la teoría de la relatividad general descubrimos que la gravedad también influye en el paso del tiempo, al igual que ocurría con el movimiento en la relatividad especial. En la impronta que la masa y la energía dejan en el espaciotiempo, lógicamente el tiempo también se curva. Se ralentiza.

Cuanto más cerca se esté de la fuente de atracción gravitatoria —por ejemplo, el centro de la Tierra—, más despacio marcarán los relojes el paso del tiempo. ¿Resultado? El tiempo pasa más despacio cerca del mar que en la cima de una montaña; y transcurre más despacio en la Tierra que en un avión o en la Estación Espacial Internacional. El efecto puede resultar imperceptible, pero es real. El tiempo medido por los satélites del sistema Galileo a 23.000 kilómetros de la Tierra no es el mismo que el de quienes nos desplazamos en coche. Se requieren, pues, ciertos ajustes para poder dar mediciones precisas a nuestro navegador y permitirnos llegar a tiempo para la cena.

Mi abuelo solía decir que hay dos cosas que aumentan tus posibilidades de vivir muchos años: llevar siempre una castaña en el bolsillo y correr cada día por la playa de Serapo (una playa del sur de Italia de arena finísima y famosa por sus balnearios). Excentricidades sureñas, probablemente. Pero al menos en el segundo aspecto Einstein le habría dado la razón: moverse (relatividad especial), y estar en la playa —y, por tanto, cerca del centro de gravedad de la Tierra— (relatividad general), son dos buenos trucos para ralentizar el tiempo.

La relatividad general describe cómo el espacio y el tiempo, ahora interconectados, se ven modificados por la presencia de grandes masas. Estamos ante una interpretación del mundo que nos llevaría muy lejos, lejísimos, gracias a esa falta de prejuicios que necesita el científico para actuar y marcar nuevos puntos de no retorno. Al mirar las cosas desde un nuevo ángulo toman forma preguntas hasta entonces inexistentes. Tal era la extraordinaria habilidad de Einstein: una curiosidad libre, tenaz y casi insolente. Y he aquí que con la relatividad general se trasciende lo imposible. Todo deviene nuevo.

Con la formulación de la idea de un universo de geometría flexible, modulada por la presencia de materia y energía, se clarificaba la cuestión de la simultaneidad de la atracción gravitatoria. Si retiramos el Sol de su sitio, el espaciotiempo, hasta ese momento *hundido* por su presencia, volverá a tensarse. Se convertirá de nuevo en una superficie lisa, que, al elevarse, dejará escapar a la Tierra. Pero eso no ocurrirá de manera instantánea: de hecho, el espaciotiempo curvado tardará un tiempo en estirarse, mientras nuestro planeta, ignorante de ello, seguirá orbitando alrededor del «Sol».

La «elasticidad» del espaciotiempo, la velocidad a la que viaja la *información* sobre la desaparición del Sol, es igual a la de la luz. Por tanto, el efecto parecerá casi instantáneo aunque no lo sea. Si el Sol se desvaneciera de repente, nosotros lo veríamos desaparecer solo unos ocho minutos después. Y en ese preciso momento saldríamos volando.

En la teoría de la relatividad general, la velocidad de la luz constituye también de algún modo la velocidad o «lentitud» de las repercusiones del espaciotiempo. Así pues, esa cifra mágica no es solo el atributo absoluto e infranqueable del movimiento de una onda electromagnética, sino que define el universo mismo, el movimiento con el que se estira o deforma su tejido, la elasticidad con la que reaccionan sus fibras, con la que se propaga una información.

La geometría del universo, su estructura intrínseca, es una entidad dinámica que se deforma, se ondula, se retuerce y, en algunos lugares, se hunde. Todo depende de la energía y la materia que lo llenan. Según una conocida frase atribuida al físico estadounidense John Wheeler, «la materia le dice al espacio cómo curvarse; el espacio le dice a la materia cómo moverse».

Hasta que se realizó la primera medición directa de las ondas gravitatorias en 2015, gran parte de lo que sabíamos sobre el universo, al menos a partir de cierto punto de su evolución, nos lo enseñaba la luz, o la ausencia de ella. Pero la gravedad ha intervenido a menudo para completar el relato: delatando a quien trata de ocultarse; revelando presencias en lo invisible; descubriendo agujeros negros.

La impronta característica de un agujero negro en el tejido flexible del espaciotiempo se denomina «horizonte de sucesos». Es una linde aterradora, una línea de no retorno que marca la entrada en la vorágine de espaciotiempo creada por la presencia de una enorme cantidad de masa concentrada en un volumen muy pequeño; el límite más allá del cual nada puede escapar, sea materia o radiación. En el agujero negro, la inmensa fuerza de gravedad, de hasta miles de millones de veces la de nuestro planeta, atrapa la información y la luz, y la deformación extrema de la curvatura del espaciotiempo provoca una extraordinaria ralentización del flujo del tiempo. Si pasáramos un año orbitando a cien metros del horizonte de sucesos del agujero negro Sagitario A*, que se halla en el centro de nuestra galaxia y cuya masa es cuatro millones de veces la del Sol, en la Tierra habrían transcurrido 11.000 años.

La posibilidad de un universo poblado de agujeros negros forma parte de la revolución desencadenada por las ecuaciones de Einstein. No obstante, una vez más, el esbozo de una nueva perspectiva fue acogido con recelo. El propio Einstein no se sentía inclinado a aceptar que los agujeros negros fueran objetos reales; necesitaba tiempo para convencerse de lo que surgía de su pluma. Tal como había ocurrido también con la expansión del universo.

Pocas semanas después de la publicación, el 25 de noviembre de 1915, del último de los artículos que sentaron las bases de la relatividad general —«Las ecuaciones de campo de la gravitación»—, ya se había dado un nuevo paso adelante. Y desde una lejana parte del mundo que en ese momento estaba en ebullición: las trincheras del frente oriental de la Primera Guerra Mundial. El científico alemán Karl Schwarzschild, influyente astrónomo y director del Observatorio Astrofísico de Potsdam, decidió alistarse al estallar el conflicto, pese a tener más de cuarenta años. Se encontró así luchando en el frente ruso como teniente de artillería.

En las trincheras recibió un paquete de su amigo Einstein que contenía «Las ecuaciones de campo de la gravitación». A pesar de la guerra y de sufrir el tormento de una rara enfermedad de la piel que había contraído hacía poco, Schwarzschild le envió una carta a Einstein pocos días después. Era el 22 de diciembre de 1915. En sus páginas el científico le brindaba a Einstein la solución exacta de las ecuaciones de campo de la gravitación, que pasaría a conocerse como métrica de Schwarzschild. Este hallazgo permitía describir el modo en que el espaciotiempo se curva en torno a un objeto esférico simétrico: planetas, estrellas, pero también agujeros negros, puntos cuya densidad extrema puede generar campos gravitatorios tan intensos que incluso atrapan la luz. La misiva concluía con estas palabras:

> Como ves, la guerra me ha tratado lo bastante bien, pese a los intensos tiroteos, como para permitirme alejarme de todo y dar este paseo por la tierra de tus ideas.

Einstein se quedó atónito: él mismo había encontrado solo soluciones aproximadas, y, como escribiría más tarde, no esperaba que la solución exacta del problema pudiera formularse de forma tan sencilla. Schwarzschild murió tan solo un año después, a la edad de cuarenta y dos, probablemente debido a las consecuencias de su enfermedad.

Así surgieron los agujeros negros a través del lenguaje de las matemáticas. En una solución que, con su simplicidad, nos muestra lo invisible al tiempo que nos corrobora su belleza.

Esos extraños objetos se denominaron inicialmente estrellas oscuras o «congeladas». Fue Wheeler quien en 1967 introdujo el término «agujero negro» en el ámbito de la física.

Aunque el horizonte de sucesos desempeñaba un papel crucial en la solución de Schwarzschild, durante mucho tiempo los agujeros negros se consideraron, en esencia, una elegante rareza matemática. La existencia real de un agujero negro requería condiciones extremas. Por ejemplo, para que una estrella como el Sol se convirtiera en un agujero negro, su masa tendría que comprimirse hasta ocupar un volumen no mayor que el del centro histórico de Roma; si, en cambio, su masa fuera igual a la de la Tierra, tendría que reducirse al tamaño de un arándano.

No era fácil imaginar un mecanismo físico capaz de desencadenar la increíble compresión de una estrella en un espacio tan extremadamente reducido.

Hasta ese momento se creía que el destino de toda estrella era acabar sus días como una densa y pequeña enana blanca. El científico Subrahmanyan Chandrasekhar solo tenía diecinueve años cuando en 1930, durante un largo viaje por mar de la India a Inglaterra, formuló la posibilidad de una dinámica más compleja. Partiendo de los recientes avances de la mecánica cuántica en la comprensión del comportamiento de los gases formados por electrones y protones, el joven científico calculó que, cuando una estrella tiene una masa de al menos 1,4 veces la de nuestro Sol —una cifra que hoy se conoce como el «límite de Chandrasekhar»—, puede terminar su ciclo vital de distintas maneras: estallando en una supernova, estallando y colapsando después en una estrella de neutrones, o incluso transformándose en un agujero negro. En un primer momento, sin embargo, no se lo tomaron en serio. En la reunión de la Real

Sociedad Astronómica celebrada en 1935, Arthur Eddington, comentando la hipótesis de Chandrasekhar, afirmó: «Debería haber una ley de la naturaleza que impidiera que una estrella se comportara de forma tan absurda».

Chandrasekhar calculó que hay estrellas mucho mayores que el Sol, diez o veinte veces más pesadas, que, cuando dejan de sustentarse por el calor de la combustión, colapsan aplastadas por su propio peso hasta curvar el espacio con tal intensidad que desaparecen en un profundo vórtice. Así, lo que una vez fue una grande y hermosa estrella se convierte en un agujero negro estelar, un abismo de espaciotiempo creado por el hundimiento y la compresión de los restos estelares en un espacio minúsculo.

Parecía un mecanismo tan increíblemente complejo que durante muchos años la posibilidad de que los agujeros negros fueran objetos reales se consideró poco racional. Y entre los numerosos científicos escépticos con la idea figuraba el propio Einstein. El concepto era demasiado radical, «nada convincente», como escribiría él mismo en un artículo publicado en la revista *Annals of Mathematics*. Puntos ocultos en los que el universo se hunde y se desvanece... Desde otra parte del mundo, en 1939, Eugenio Montale plasmaba esa sensación de vacilar en el límite entre luz y oscuridad en tan solo unos pocos versos: «La vida que da vislumbres es aquella que solo tú distingues. A ella te asomas desde esta ventana que no se ilumina».

Hoy sabemos que el tejido del cosmos está salpicado de tales abismos, de tamaño y origen diverso, en cuyo interior se oculta el universo. El efecto de la gravedad es tan extremo que nada, ni siquiera la luz, puede trepar por esa sima y escapar de ella. Se cree que los agujeros negros más pequeños podrían tener el tamaño de un átomo con la masa de un asteroide, y que dichos objetos probablemente han estado presentes en la geometría del espaciotiempo desde el comienzo del universo. Luego están los agujeros negros «estelares», los que se forman a costa de la muerte de una estrella, con una masa decenas de veces superior a la del Sol.

Por último, los llamados «supermasivos» son agujeros negros enormes, que pueden llegar a tener hasta decenas de miles de millones de masas solares. Son especialmente voraces y tienden a «engullir» las estrellas que los rodean, haciéndose cada vez mayores. Es posible que se hayan creado a la vez que su galaxia anfitriona. Actualmente se cree que prácticamente todas las galaxias albergan un agujero negro de millones o miles de millones de masas solares.

Aunque el adjetivo *negro* connota oscuridad, los agujeros negros pueden revelarse a través de umbrales precisos que definen los contornos de dicha oscuridad, marcados por repentinos cambios de luz, en torno a los cuales la materia se excita y brilla.

En abril de 2019 nos llegó la primera imagen de un agujero negro, o, más exactamente, de la luz emitida por el material que orbita en torno al agujero negro situado en el centro de la galaxia supergigante Virgo A. Se trata de un objeto extraordinario: denominado M87*, tiene una masa equivalente a 6.500 millones de soles y se encuentra a 55 millones de años luz de la Tierra. No es que fuera cuestión de hacer un simple *clic*: hicieron falta dos años de trabajo del proyecto internacional conocido como Telescopio del Horizonte de Sucesos (o EHT, por sus siglas en inglés) y la estrecha colaboración de más de doscientos investigadores de todo el mundo para lograr tan increíble resultado.

Una sombra oscura, la sima nunca antes vislumbrada de un agujero negro, donde la luz queda atrapada para siempre, rodeada de una radiación espectacular, resaltada en rojo anaranjado, emitida por la materia antes de cruzar el llamado umbral de no retorno.

La imagen parece deformada porque la extrema fuerza gravitatoria del agujero negro distorsiona el espaciotiempo a su alrededor, curvando la trayectoria de la luz y generando un efecto lupa que hace que la sombra parezca mayor de lo que de verdad es.

No tuvimos que esperar mucho para ver una segunda *fotografía* igualmente asombrosa: la de nuestro monstruo cósmico «personal», Sagitario A*, situado en el centro de la Vía Láctea, a unos 27.000 años luz del Sistema Solar. En mayo de 2022 nos llegó —¡oh, maravilla!— la primera prueba directa de su existencia: una nueva y magnífica imagen obtenida por el EHT que inmortaliza al agujero negro *asentado* en el centro de nuestra galaxia. Una masa de unos cuatro millones de veces la del Sol concentrada en una esfera con un radio cercano a la décima parte de la distancia entre el Sol y la Tierra. A pesar de que estos dos agujeros negros, los primeros en ser fotografiados, se encuentran en galaxias distantes y tienen masas muy diferentes —M87* es unas 1.600 veces más masivo que Sagitario A*—, las leyes físicas establecidas por la relatividad general en la proximidad de tan misteriosos objetos parecen funcionar de la misma manera. Andrea Ghez, la cuarta mujer galardonada con el Premio Nobel de Física, que recibió en 2020, ya había confirmado con sus investigaciones que los fotones emitidos por las estrellas que orbitan en torno a Sagitario A* se comportan exactamente tal como Einstein había descrito en su teoría.

Emocionantes imágenes, las del EHT, que una vez más vienen a rendir homenaje a aquella intuición ya centenaria. Resplandores anaranjados en torno a un corazón oscuro; ardientes braseros, difusos y lejanos.

El espaciotiempo se dobla; se deforma. Pero no solo eso: increíblemente, también vibra. Puede estremecerse como la superficie del agua cuando la recorre una brisa. Einstein llegó a esta conclusión entre 1916 y 1918. Al igual que una carga eléctrica en movimiento genera ondas electromagnéticas, cuando se desplazan grandes cantidades de materia o energía también pueden generarse ondas gravitatorias. La explosión de una supernova puede liberar una cantidad de energía espectacular que, en forma de vibraciones, ondula la superficie del espaciotiempo. Pero ¡atención!: las ondas gravitatorias no *atraviesan* el espacio como lo harían las olas del mar, las señales sonoras o los rayos de luz; una onda gravitatoria es una brisa que riza el espaciotiempo, un estremecimiento de la curvatura que se desplaza a la velocidad de la luz.

Captar una onda gravitatoria ha sido durante largo tiempo una de las piezas que faltaban para confirmar la teoría de la relatividad general. Los retos técnicos para lograrlo eran enormes, habida cuenta de que las oscilaciones de las ondas gravitatorias son infinitesimales.

Pero gracias al trabajo conjunto del Observatorio de Ondas Gravitatorias por Interferometría Láser (LIGO, por sus siglas en inglés) en Estados Unidos, y el interferómetro Virgo en Italia (en las inmediaciones de Pisa), la mañana del 14 de septiembre de 2015 llegó por fin la tan anhelada noticia: por primera vez se había medido el paso de una onda gravitatoria. Un movimiento imperceptible, de la amplitud de una milésima parte del diámetro de un protón; pero un descubrimiento gigantesco.

El universo se nos revela en esta ocasión con un temblor. Si podemos «escuchar» gracias a las ondas sonoras y «observar» gracias a las ondas electromagnéticas, las ondas gravitatorias vienen a añadir una nueva y potente percepción del mundo hasta ahora desconocida. Un nuevo «sentido». Y, con él, la posibilidad de obtener una información que desde el principio de los tiempos había permanecido inaccesible.

El origen de esta diminuta oscilación es un remoto suceso acaecido hace unos 1.300 millones de años, en el que se encontraron dos enormes agujeros negros, uno de 29 masas solares y otro de 36. Durante un tiempo danzaron uno alrededor del otro, para terminar su baile con una espectacular colisión.

De la fusión de los dos agujeros negros nació un «monstruo», otro agujero negro de 62 masas solares. Y las tres masas solares restantes se convirtieron en energía liberada en el tejido del espaciotiempo en tan solo 200 milisegundos: una potencia 50 veces superior a la emitida por todas las estrellas de todas las galaxias del universo observable en forma de ondas electromagnéticas en ese mismo lapso de tiempo. La explosión más majestuosa jamás observada, solo superada por el Big Bang. Una estela de ondas gravitatorias inició así su viaje por el cosmos, diluyéndose poco a poco a medida que avanzaba. Una vez recibida y procesada la señal, los científicos del LIGO quisieron *escucharla*; es decir, convertir las vibraciones oscilatorias en un sonido que identificara el violento y extraordinario choque entre dos agujeros negros gigantescos. Pero ¡sorpresa! Lo que surgió fue algo inesperado: un maravilloso *gorjeo*. El término, según recoge Stefan Helmreich en su artículo «The Cosmic Chirp», tiene su origen en los ingenieros de investigación de radares de la década de 1950, que compararon una señal caracterizada por una repentina subida/bajada de frecuencia con el gorjeo de un pájaro. La expresión volvió a utilizarse luego en 1951, en un memorando de los Laboratorios Bell que llevaba por título «Not with a Bang, but with a Chirp» (No con una explosión, sino con un gorjeo), parafraseando los últimos versos del poema «Los hombres huecos» de T. S. Eliot: «Así es como el mundo acaba. No con una explosión, sino con un gemido».

La «captura» de la onda gravitatoria tenía otro importantísimo significado científico: constituía la primera prueba directa de que los agujeros negros son objetos reales.

Actualmente hay tres experimentos en marcha destinados a detectar ondas gravitatorias. Además del observatorio LIGO, están el ya mencionado interferómetro Virgo y el llamado Detector de Ondas Gravitatorias de Kamioka (KAGRA, por sus siglas en inglés) en Japón. Pero está previsto asimismo el lanzamiento de dos interferómetros orbitales. En 2037 será el turno de LISA (por las siglas inglesas de Antena Espacial de Interferometría Láser), una colaboración entre la ESA y la NASA, que se unirá a DECIGO (en este caso las siglas inglesas de Observatorio Interferométrico de Ondas Gravitatorias de Decihercios), cuya instalación inicial está prevista para 2027.

En comparación con los construidos en la Tierra, los interferómetros orbitales pueden tener brazos mucho más largos, lo que permite sondear longitudes de onda más largas y observar fenómenos que acontecen a energías más bajas. Está previsto que el proyecto LISA, por ejemplo, disponga de unos «brazos» de 2,5 millones de kilómetros, ¡unas siete veces la distancia media entre la Tierra y la Luna!

Las ondas gravitatorias, como la gravedad, están presentes en todos los rincones del cosmos, y nada puede obstaculizarlas. El universo siempre las deja pasar; a diferencia de la luz, que, como hemos visto, puede ser absorbida por los obstáculos que encuentra en su camino.

Si la luz nos brinda información sobre las características de la fuente emisora de la que procede, las ondas gravitatorias pueden decirnos aún más cosas. Al deslizarse prácticamente sin impedimento alguno, alargan y aplastan los objetos que encuentran a su paso, y guardan memoria de ese tránsito. Así pueden decirnos lo que han encontrado a lo largo de su viaje. La información que transportan las ondas gravitatorias, combinada con la que recibimos a través de la luz, abre perspectivas completamente nuevas para la comprensión de nuestro universo. Nace así una nueva disciplina: la llamada «astronomía de multimensajeros».

Por muy potente que sea un telescopio, hay una especie de pantalla opaca situada unos 380.000 años después del Big Bang que oculta maravillas y misterios de épocas anteriores. De hecho, la luz no apareció hasta entonces.

Pero el Big Bang podría haber liberado una estela de oscilaciones, y ese eco formado por ondas gravitatorias podría estar prosiguiendo todavía su viaje desde el principio de los tiempos. Poder escucharlo nos permitiría comprender algo más de ese largo y hermoso capítulo de la historia del universo que comenzó mucho antes de la aparición de los fotones.

Desde 2015, los interferómetros láser LIGO y Virgo han captado varias decenas de señales producidas por la fusión de agujeros negros y estrellas de neutrones. Los futuros experimentos realizados con interferómetros de tercera generación, como el Telescopio Einstein y el denominado Explorador Cósmico, además de la misión espacial LISA, serán tan sofisticados que sin duda nos abrirán nuevas perspectivas: múltiples ventanas desde las que observar y seguir el viaje de esos diminutos e hipnóticos gorjeos, que podrán contarnos otras historias, algunas inesperadas.

Observar la colisión de estrellas de neutrones también ha permitido clarificar algunos de los misterios que rodean la formación de los elementos pesados. Un caracol en el alféizar de la ventana, el escritorio de la abuela, esa flor en el jardín, la abeja que revolotea sobre ella, una tostada con queso, las mariposas, una roca en el mar... todo, incluidos nosotros, está hecho de la misma materia: átomos; producidos en los primeros instantes tras el Big Bang, o en el corazón de una estrella, o en una de esas maravillosas explosiones que señalan su fin. Alrededor del 10 % de nuestro cuerpo está formado por elementos primigenios: llevamos en nosotros la memoria del principio de los tiempos.

La mayoría de los demás elementos, en cambio, han surgido gracias a las estrellas. La fusión nuclear producida en su interior no solo es responsable de su maravilloso brillo, sino que también es una fragua en la que se producen gran parte de los elementos de la tabla periódica.

En ese corazón incandescente, los átomos de hidrógeno se unen a los de helio, que a su vez se fusionan con otros átomos y producen nuevos elementos cada vez más pesados de la tabla periódica, como el carbono, el oxígeno, el calcio y muchos otros tan importantes para nuestra vida. Hasta llegar al hierro. En ese punto sucede algo: la energía producida en el interior de las estrellas ya no basta para crear elementos más pesados.

Sin embargo, en la tabla periódica hay un montón de elementos químicos más pesados que el hierro: el zinc que encontramos en los tomates, el cobre que había en las ollas de la cocina de la abuela, el oro y el platino que brillan en los escaparates de las joyerías... Esos elementos no proceden del corazón de las estrellas, sino del destino que les aguarda cuando, agotado su combustible nuclear, perecen. En el momento en que se extinguen las reacciones termonucleares del interior de una estrella, prevalece la gravedad y la materia colapsa. Su transformación en nuevos objetos celestes dependerá de su masa.

Nuestro Sol, por ejemplo, al igual que las estrellas de masa similar, tendrá una muerte tranquila. Cuando haya agotado todo su hidrógeno, dentro de unos 4.500 millones de años, iniciará una larga agonía. Se convertirá en una gigante roja, y se expandirá lo bastante como para engullir a Mercurio y Venus, y probablemente también a nuestro planeta. Luego, entre 1.000 y 2.000 millones de años después, colapsará para convertirse en una enana blanca, pequeña (del tamaño de la Tierra) y extremadamente densa (una cucharadita tendría una masa de varias toneladas), hasta hacerse casi invisible.

Las estrellas muy masivas (con unas ocho veces la masa del Sol) mueren de forma más rápida y dramática. Al cabo de varias transformaciones, su núcleo central, cada vez más denso y caliente, explota, y terminan su vida en forma de imponente supernova, la explosión más bella y violenta que se conoce en el universo: un maravilloso y extraordinario espectáculo de fuegos artificiales en el que los materiales producidos en el interior de la estrella se lanzan en todas direcciones y, lo que es más importante, con una energía enorme. Empiezan a producirse entonces nuevas colisiones entre los núcleos, dando lugar a nuevas fusiones que acaban produciendo los elementos más pesados que el hierro. La tabla periódica se enriquece así con nuevos elementos.

Las estrellas mucho mayores que nuestro Sol, diez o veinte veces más masivas, cuando dejan de sustentarse por el calor de la combustión caen aplastadas por su propio peso hasta curvar el espaciotiempo con tal intensidad que terminan hundiéndose en él, dando lugar a los maravillosos agujeros negros que salpican el cosmos.

Pero hay un tipo particular de objeto en el cielo que desempeña una importante función en la producción de nuevos átomos: son las estrellas de neutrones, conglomerados extremadamente densos y compactos. Imagina una masa apenas superior a la del Sol comprimida en una esfera de unos 10-20 kilómetros de radio. En 2017 se pudo medir por primera vez el efecto de la colisión entre dos estrellas de neutrones gracias a la observación de ondas gravitatorias. De dicha colisión, que liberó tremendas cantidades de energía, se vieron escapar numerosos elementos pesados. Y, ¡sorpresa!: también aparecieron platino y oro en ingentes cantidades, el equivalente a decenas de veces la masa de la Tierra. He aquí, pues, el mecanismo a partir del cual se forma «todo el oro del mundo», así como el platino de la tiara de la reina: de una maravillosa, lejanísima e inesperada colisión cósmica.

«Sé plural como el universo», exhortaba Fernando Pessoa.

El universo es sin duda un mundo plural, turbulento, que se desorganiza y recompone, hecho en parte de convulsiones y tormentas; alquimias y movimientos de los que, no obstante, surgen nuevas maravillas.

Las galaxias, por ejemplo, no son islas que flotan inconscientes y solitarias en una aburrida noche eterna: la gravedad también se divierte con ellas. Así, se abrazan, se fusionan o se provocan simplemente rozándose y arrancándose algunas estrellas. Pero eso no es todo. Las más grandes pueden incluso llegar a engullir a las más pequeñas. Se cree que hay muy pocas galaxias en el universo que no se hayan visto envueltas en brutales acontecimientos de este tipo.

Solo si dos galaxias se lanzan una a través de otra a una velocidad superior a la de escape de sus respectivos campos gravitatorios —velocidad por debajo de la cual quedarían ligadas de manera inextricable, iniciando su danza hacia la fusión—, la cosa termina ahí, probablemente sin consecuencias. En tal caso puede que las estrellas, planetas y mundos alojados en cada una de ellas ni siquiera se enteren de nada.

En este agitado universo, incluso nuestra hermosa galaxia ha tenido una vida turbulenta y ha ido creciendo con el tiempo al atraer hacia sí a otras galaxias más pequeñas y cúmulos de estrellas que luego se han fusionado con el resto. Los datos de la misión Gaia de la ESA lo revelan con claridad. Actualmente la Vía Láctea está engullendo muy poco a poco a la pequeña galaxia enana Sagitario y a sus pocas decenas de millones de estrellas. Y el contenido estelar del halo interior de la Vía Láctea parece estar dominado por los restos de galaxias enanas satélites, como Gaia-Encelado, que se fusionó con nuestra galaxia hace entre 8.000 y 11.000 millones de años. La atracción entre la Vía Láctea y Sagitario dura desde hace largo tiempo, y, como demuestran diversos estudios internacionales basados en datos de Gaia, este tipo de encuentros también han desempeñado un importante papel en la evolución de nuestra propia galaxia. El primer tránsito cercano se produjo hace unos 5.000

o 6.000 millones de años; luego se repitió hace 2.000 millones de años, y, por último, de nuevo hace 1.000 millones. Así pues, Sagitario nos visita de vez en cuando desde hace eones, nos trae nuevas estrellas y se divierte alterando un poco nuestras disposiciones y formas. Y parece que justamente una de las incursiones de Sagitario nos afectó de manera especial: el Sol, que se formó hace unos 4.600 millones de años tras el colapso de una gran nube de gas y polvo, podría ser una de las estrellas nacidas durante la primera interacción gravitatoria con nuestra pequeña vecina.

Las galaxias se alejan y se acercan. Hubble dedujo la expansión del universo observando el desplazamiento de la luz de las galaxias hacia la zona roja del espectro electromagnético, lo que indicaba su alejamiento progresivo. Pero si observamos la galaxia de Andrómeda, nuestra vecina, constatamos, en cambio, que el espectro de luz que esta emite no se desplaza hacia el rojo, sino hacia el azul. ¡Atención: Andrómeda se acerca a nosotros! La Vía Láctea y Andrómeda son las mayores de las varias decenas de galaxias que forman el llamado Grupo Local. Andrómeda es más masiva, cuenta con alrededor de un billón de estrellas, mientras que nuestra galaxia está un poco más despoblada, con unos cientos de miles de millones. Están bastante cerca una de otra, aunque la expansión del universo tendería a alejarlas a unos 60 kilómetros por segundo. No lo suficiente para impedir lo inevitable.

Andrómeda, que se encuentra a 2,5 millones de años luz, apunta hacia nosotros y se dirige hacia aquí. De hecho, la Vía Láctea y Andrómeda corren la una hacia la otra a unos 112 kilómetros por segundo. Dentro de 4.500 millones de años, el abrazo —¿la colisión?— entre las dos galaxias, las primeras que hemos visto poblar el cielo, será espectacular. Y mudo, en un espacio ilimitado y vacío que no conoce el sonido. Un movimiento lento y poético que, sin que se escuche explosión alguna, transformará en algo nuevo los mundos existentes. Es este un futuro determinista que está escrito y del que no podremos escapar, lo cual entraña una sensación de *finitud* —por utilizar un término caro al filósofo Telmo Pievani— que puede resultar aterradora; o hacernos sentir libres.

Su Majestad la Gravedad es en el universo dueña y señora indiscutible, una protagonista absoluta. Aprisiona la luz, desbarata las galaxias, muta en temblores y estremecimientos... Y su mano invisible es responsable de numerosas atracciones fatales.

Excepto una. Como dice Einstein: no puede hacerse responsable a la gravitación de que la gente se enamore.

4

¡Bang! Comienza una historia

El universo se expande

«Es el mejor poema que he leído de un autor estadounidense», escribía Ezra Pound en 1915 al director de la revista en lengua inglesa *Poetry. A Magazine of Verse*, recomendando la publicación de «La canción de amor de J. Alfred Prufrock». Pound había conocido al autor, T. S. Eliot, un año antes, en Oxford, cuando todavía se hallaba en los comienzos de su carrera. Y se había convertido en su amigo y mentor.

Prufrock es un hombre burgués de mediana edad, indeciso y ansioso. En esta carta imaginaria que escribe a su amada, el monólogo interior es un flujo inconexo de imágenes, interrogantes y temores, donde el protagonista duda de sí mismo y no deja de preguntase atormentado si llegará a encontrar el valor necesario para actuar, para arriesgarse, para lanzarse. Al menos una vez, al menos por amor:

> *¿Me aventuro*
> *a perturbar el universo?*
> *En un minuto hay tiempo*
> *para decisiones y revisiones que un minuto revocará.*

No todo el mundo se atreve a perturbar el universo. La expresión, un tanto sorprendente, parece aludir a una tentación de la que, sea cual sea el temperamento o el pretexto individual, es difícil escapar. Y, formulada en 1915, se erige casi como una anticipación. En efecto, un año después se publicará la teoría de la relatividad general de Einstein, que pondrá patas arriba nuestra concepción del mundo y señalará el comienzo de la cosmología moderna.

Prufrock juzgaba imposible que su solicitud de amor se viera correspondida. En esa convicción radicaba su parálisis.

Para poder cuestionar el mundo, para que un punto de vista se amplíe y dé cabida a algo más, hace falta curiosidad y ausencia de prejuicios; pero es sobre todo nuestra relación con la percepción de lo imposible la que marca la diferencia. El coraje de intentarlo de todos modos, de plantear cuestiones no imaginadas hasta entonces, y, sobre todo, de llevar la propia idea hasta el final. Incluso arriesgándose al rechazo de la persona amada; o a la desaprobación de la comunidad a la que uno pertenece.

Evaluadas desde la distancia que da el tiempo, las revoluciones del pensamiento parecen cambios de dirección obvios. Aun así, cabe preguntarse: de haber vivido entonces, ¿habríamos suscrito con entusiasmo o habríamos rechazado categóricamente la idea de hallarnos de pie sobre un objeto esférico en el que alguien, en otro lugar, se encuentra por tanto cabeza abajo?; ¿cómo habríamos acogido la posibilidad de que, además, esa esfera gire sobre sí misma al tiempo que realiza amplias rotaciones alrededor del Sol?; ¿habríamos creído sin vacilar que la luz tiene que viajar para llegar a nuestros ojos? Incluso las mentes más preclaras, que abren caminos y marcan puntos de no retorno en nuevos conocimientos, a veces prefieren la zona de confort de las creencias establecidas.

Galileo, por ejemplo, creía que los cometas constituían básicamente un fenómeno atmosférico, se obstinaba en defender la idea de que las mareas eran resultado del movimiento de la

Tierra, y en su *Diálogo sobre los dos máximos sistemas del mundo* se burlaba de Kepler, de quien decía que había «prestado oído y asentimiento a los dominios de la Luna sobre el agua, y a propiedades ocultas y niñerías similares» al afirmar el estrecho vínculo entre las mareas y los movimientos lunares. Uno se pregunta asimismo cuál sería la reacción de Lord Kelvin, desilusionado como parecía estar con respecto a lo que le quedaba por decir a la física, cuando solo unos años después llegaron las revoluciones provocadas por la mecánica cuántica y la teoría de la relatividad.

Einstein fue el primero en exponer ese cambio de perspectiva que llevó a replantearse el universo. Pero para *perturbarlo* hasta llegar a transformarlo, ampliando sus límites y dándole una historia que contar, harían falta la intuición y las observaciones de un entrenador de baloncesto, el apoyo de un sacerdote, el golpe de suerte de dos ingenieros de telefonía y la iluminación nocturna de un joven que apenas acababa de terminar su doctorado.

Reconstruyamos los pasos. Como ya hemos visto antes, todo empezó con lo que podría calificarse como una especie de ascenso. En física, la velocidad se describe mediante una sencilla ecuación en la que intervienen el espacio y el tiempo; en concreto, la velocidad relaciona mediante una división el espacio que se recorre con el tiempo que se tarda en recorrerlo: $v = e / t$. Cuando en el lenguaje cotidiano hablamos de velocidad —si, por ejemplo, decimos «Iba a cien por hora», como reza una conocida canción de Gianni Morandi—, probablemente no somos conscientes de que estamos echando mano de una ecuación. Además, se trata en todo caso de una velocidad relativa, es decir, que depende del sistema de referencia del observador. En la canción, Morandi se desplaza en coche para reunirse con su chica. A sus ojos, la bolsa que lleva en el asiento de al lado no se mueve; sin embargo, para una muchacha que esté en la acera y le vea pasar a toda velocidad, la bolsa se moverá también a cien kilómetros por hora, como el coche.

A principios del siglo XX algo cambió en esta perspectiva. Las ecuaciones de Maxwell, el experimento de Michelson-Morley y la formulación de Einstein habían clarificado definitivamente que la velocidad de la luz tiene una característica especial: la velocidad de la luz en el vacío, de unos 299.792 kilómetros por segundo, es un límite infranqueable y permanece invariable sea cual sea el sistema de referencia desde el que se observe.

De variable relativa, la velocidad de la luz asciende a la categoría de magnitud absoluta, entrando en el Olimpo de las (pocas) constantes físicas universales. Ello provoca un vuelco inesperado en el ranking de la física. El tiempo y el espacio, que en el mundo de Newton eran magnitudes absolutas, pierden ese privilegio y descienden en la clasificación para devenir, en cambio, *relativas*.

En otras palabras, una vez establecido que la velocidad de la luz constituye un límite fijo e insuperable, son el espacio y el tiempo los que pagan el precio. Tienen que empezar a reajustarse entre sí para mantener constante la velocidad de la luz en cualquier sistema de referencia. Pierden su cómoda absolutidad newtoniana. Ligados a la velocidad de la luz por una división aritmética, se unen indisolublemente para siempre, y emerge su naturaleza física profunda.

La teoría de la relatividad especial de Einstein se origina, pues, a partir de la entrada en escena de este nuevo absoluto. Del efecto creador de las restricciones.

El siguiente paso en la reflexión de Einstein fue la «generalización» de la teoría de la relatividad con el fin de incluir la gravedad y el movimiento acelerado. Una de sus ambiciones era elaborar un modelo de universo estático, espacialmente curvo, en el que la materia estuviera distribuida de manera uniforme.

Y he aquí que, en su lugar, se produce un golpe de efecto. De forma completamente inesperada, y sin que lo previera la mano de su autor, de las ecuaciones surgió algo hasta entonces inimaginable e insólito: la idea de un universo en movimiento que debido a la presencia de la gravedad puede expandirse o contraerse.

Ello implicaba que el universo había tenido un improbable punto de partida, y esa parecía sin duda una posibilidad descabellada. Hasta la publicación de la teoría de la relatividad general había prevalecido la firme convicción de que el universo era estacionario, inmutable, y, desde luego, no había surgido de repente, y menos aún de la nada.

Pero si, como creía Einstein, la gravedad es una fuerza de atracción que tiende a confinar la materia y la energía presentes en el universo, estas podrían acabar provocando su colapso.

Para restablecer un universo plácidamente estático y corregir ese efecto dinámico, Einstein recurrió a una estratagema e introdujo de manera arbitraria la denominada constante cosmológica: una especie de energía del vacío que contrarresta el efecto gravitatorio de la energía y la materia.

Tras la publicación de la teoría de la relatividad general en 1916, la popularidad de Einstein despertó un creciente interés por sus ecuaciones. Por una parte, querían encontrarse nuevas explicaciones de la estructura del universo y su contenido a partir de datos experimentales. Por otra, había arraigado la fascinación por un cosmos que ahora podía encapsularse en la elegancia del lenguaje matemático; todo un mundo convertido en ecuación.

Durante casi quince años Einstein se opuso a la idea de que el universo se expandiera. Pero mientras tanto nuevos elementos, entre demostraciones matemáticas y observaciones experimentales, habían dado origen a descripciones de un mundo que ya no era el mismo.

El primero en advertir que la solución adoptada por Einstein para hacer estático el universo era inestable fue Aleksandr Fridman: inestable «como equilibrar un lápiz sobre la punta», declaró en 1922.

El físico ruso desarrolló un nuevo modelo matemático compatible con un universo en evolución dinámica. A Einstein, sin embargo, no le hizo mucha gracia. Su primera reacción fue acusar a Fridman de haber cometido un error matemático. Durante mucho tiempo no quiso dar crédito a aquella solución, hasta que en 1931 se vio obligado a retractarse y admitir que Fridman había sido el primero en tomar el camino correcto.

Mientras tanto habían empezado a llegar los primeros datos experimentales. Aunque no sabía nada de los cálculos de Fridman, un sacerdote y astrónomo belga, Georges Lemaître, planteó la posibilidad de que el universo hubiera tenido un origen. Y lo hizo basándose no en hipótesis matemáticas, sino en observaciones concretas que parecían confirmar la expansión. Lemaître postuló la hipótesis de que el universo se había originado a partir de una especie de «átomo primigenio», un estrato de materia extremadamente densa a una altísima temperatura. En 1927, aun siendo consciente del riesgo de descolocar a los científicos, decidió publicar los resultados de sus investigaciones en una revista belga de astronomía de larga tradición pero con escasa difusión, sobre todo a escala internacional. Debido a ello, en un primer momento su extraordinario descubrimiento pasó bastante desapercibido. Pero Lemaître insistió. Al año siguiente, cuando lo explicó en su intervención en la tercera asamblea general de la Unión Astronómica Internacional, tuvo una acogida heterogénea: vivo interés por parte de algunos, y frío escepticismo por parte de otros. Entre estos últimos se encontraba el propio Einstein, quien le dijo a Lemaître durante una conversación privada que, si bien su formulación matemática era irreprochable, su interpretación física resultaba «abominable». Se equivocaba. Lemaître no se dio por vencido. En 1931 puso finalmente por escrito su teoría en lengua inglesa, publicando un artículo que llevaba por título «The Beginning of the World from the Point of View of Quantum Theory» (El principio del mundo desde la perspectiva de la teoría cuántica) en la célebre revista *Nature*. Ello le aseguró la fama que merecía.

También estaba a punto de irrumpir en escena otro astrónomo que asestaría un duro golpe a la visión entonces predominante del universo, al tiempo que aumentaba la credibilidad de las brillantes aportaciones de Fridman y Lemaître.

Un gigante llamado Edwin Hubble.

Hubble, un hombre de metro noventa de estatura y complexión atlética, se licenció en Derecho (pero solo para cumplir los deseos de su padre), fue profesor y entrenador del equipo de baloncesto de un instituto de Indiana, voluntario en el ejército durante la Primera Guerra Mundial y, tras la muerte de su padre, finalmente astrónomo, dedicado a la que siempre había sido su mayor pasión. Tenía treinta años cuando, en 1919, le ofrecieron un puesto en el Observatorio del Monte Wilson, en California. Armado con el telescopio más grande, potente e innovador de la época —el telescopio Hooker, de 2,5 metros—, a lo largo de su carrera Hubble escrutaría la oscuridad de las noches californianas con tanta pasión como persistencia, realizando descubrimientos asombrosos.

Una de sus primeras obsesiones fue Andrómeda. Una soberbia nube de luz en el firmamento que se consideraba poco más que una acumulación de polvo y gas en nuestra propia galaxia. En 1924, Hubble identificó unas estrellas variables, las Cefeidas, situadas justo dentro de Andrómeda. Midió su distancia a la Tierra y se dio cuenta de que superaba con mucho las dimensiones conocidas de nuestra galaxia: eran estrellas tan lejanas que por fuerza debían estar más allá de los límites de esta. La observación de Andrómeda abrió la perspectiva de una realidad totalmente nueva. Fue una intuición decisiva, una revolución. Hasta entonces se creía que la Vía Láctea constituía la totalidad del universo, y he aquí que ahora, en cambio, el propio universo devenía otra cosa distinta.

Al año siguiente, Hubble presentó su descubrimiento en una conferencia de la Sociedad Astronómica Estadounidense, y en 1929 lo difundió en un artículo que llevaba por título «A Spiral Nebula as a Stellar System, Messier 31» (Una nebulosa espiral como sistema estelar, Messier 31) y que apareció publicado en *The Astrophysical Journal*.

Los límites del universo se ensanchaban de repente, y, con esta súbita amplitud, volvíamos a perder la ilusión de gozar de una posición privilegiada, de una cierta singularidad. Andrómeda flanquea la Vía Láctea, y hoy sabemos que ambas son solo dos luminosos remolinos de polvo y estrellas entre unos cien mil millones de galaxias *observables*. En efecto, cien mil millones es el número de galaxias que podemos observar, pero se ignora su número total; que sepamos, podría incluso ser infinito.

Ese mismo año de 1929, comparando las mediciones de distancia de las galaxias con los datos sobre la luz emitida obtenidos por Vesto Slipher y otros físicos, Hubble descubrió otra cosa increíble: las galaxias se alejan, huyen unas de otras; y la firma inconfundible de esa fuga es el desplazamiento de su espectro hacia el rojo.

Cuando una fuente luminosa se aleja del observador, se produce lo que se conoce como corrimiento al rojo o desplazamiento hacia el rojo: las longitudes de onda se alargan y la luz emitida se desplaza hacia la parte más roja del espectro electromagnético. Midiendo la dinámica del alejamiento de las galaxias, Hubble también descubrió que existe una relación entre las distancias a las que estas se hallan y la velocidad a la que escapan: cuanto más lejos está una galaxia, más elevada es la velocidad a la que «huye».

Esta relación de proporcionalidad se conoce como ley de Hubble. En términos matemáticos, si llamamos v a la velocidad de una galaxia, y d a su distancia al observador, obtenemos que todas las velocidades a las que se alejan las galaxias entre sí pueden calcularse mediante la ley $v = Hd$, donde H es una constante universal llamada justamente constante de Hubble. Si medimos la distancia de una galaxia (una empresa por lo demás compleja), podemos calcular su velocidad de fuga con solo multiplicarla por este factor H.

Con el valor actualmente conocido de H, unos 70 km/s/Mpc (1 Mpc, o megapársec, equivale a unos 3,26 millones de años luz), podemos establecer que las galaxias situadas, por ejemplo, a 100 millones de años luz se alejan a una velocidad de unos 8 millones de km/h, mientras que las situadas a 300 millones de años luz lo hacen a una velocidad de aproximadamente 24 millones de km/h. Sin embargo, esta percepción de fuga de las galaxias no se debe a un movimiento individual. En realidad las galaxias no huyen: es la expansión del espaciotiempo la que las aleja; es la propia dinámica de la métrica del universo la que las distancia unas de otras.

El espaciotiempo se expande, y, con ello, aumenta la distancia entre las galaxias. En una perspectiva bidimensional, sería algo similar al modo en que la distancia entre dos puntitos dibujados en la superficie de un globo aumenta conforme el globo se hincha: cualquiera que fuera la parte del globo desde la que uno mirara —y, por lo mismo, cualquiera que fuera la galaxia del universo desde la que se observara la expansión—, siempre se obtendrían los mismos resultados. Las galaxias se alejan unas de otras. No hay ninguna perspectiva privilegiada. Este movimiento de expansión carece de un centro propiamente dicho: cada punto es tan central como todos los demás.

Ya Giordano Bruno sostenía más de tres siglos antes: «Podemos afirmar que el universo es todo centro, o que el centro del universo lo es para todo, y que la circunferencia no está en parte alguna».

Pero ¡atención! Tan solo aumenta la distancia entre los puntos; no sus dimensiones, que permanecen invariables. Por lo tanto, mejor que los puntitos dibujados en el globo, que aumentan de tamaño al hincharse, quizá sería más adecuado comparar la expansión del universo con un panetón cuya masa sube por efecto del leudado: los trocitos de frutas —las galaxias— se alejan entre sí, pero sus dimensiones individuales no cambian. En cualquier caso, todos los objetos de la galaxia se mantienen unidos por otras fuerzas, o por efectos gravitatorios más intensos, con la suficiente intensidad y estabilidad para no sentir el efecto de la expansión. Por ejemplo, la expansión del universo no hace que la Tierra se aleje del Sol, ni estira la propia forma de las galaxias. Ello se debe a que son sistemas ligados por efectos gravitatorios más intensos que la fuerza que rige la expansión del universo.

El universo, pues, se expande. No es estático e inmutable como siempre se había creído; la energía que lo llena hace que se expanda, en un movimiento espacialmente homogéneo en el que arrastra a las galaxias consigo. Y la teoría de la relatividad general de Einstein está ahí, lista para proporcionar el modelo matemático que puede explicar de manera coherente y elegante las observaciones de Hubble.

En 1931, Einstein le hizo una visita a Hubble en el Monte Wilson y le agradeció su trabajo. Se dice que calificó como «el mayor error de mi vida» su intento de defender la idea de un universo estático. En abril de ese mismo año, en una conferencia pronunciada en la Academia Prusiana de las Ciencias, Einstein adoptó explícitamente el modelo de un universo en expansión, y en 1932 colaboró con el físico teórico y astrónomo holandés Willem de Sitter para postular un modelo cosmológico de universo en constante expansión, que se utilizaría de manera generalizada hasta mediados de la década de 1990.

Como hemos visto, la ley de Hubble nos dice que la expansión del universo se rige por la ecuación $v = Hd$. Pero también sabemos que la velocidad puede formularse como una razón entre espacio y tiempo, $v = e / t$. Al relacionar esta ecuación con la ley de Hubble, encontramos que H representa la inversa del tiempo, dada por la fórmula $t = 1 / H$. Una vez determinado el valor de H, calculamos la inversa y obtenemos el tiempo que ha tardado el universo en expandirse desde sus inicios hasta hoy.

Se plantean, no obstante, dos complicaciones. La primera es encontrar el valor exacto de H, puesto que sigue siendo extremadamente difícil medir la distancia de galaxias remotas con una elevada precisión.

Y aquí surge la segunda complicación. El valor de H no es constante, sino que ha variado a lo largo de la evolución del universo. Teniendo esto en cuenta, y basándonos en los cálculos más precisos de los que disponemos, hoy podemos afirmar con cierta confianza que el universo tiene alrededor de 13.800 millones de años.

Pese a las pruebas reunidas por Hubble, pasaría mucho tiempo antes de que la perspectiva de un universo en expansión (y, por ende, de su increíble comienzo) fuera aceptada en el mundo científico. Tanto es así que la primera vez que se utilizó la expresión «Big Bang» se hizo con una intención sarcástica. Fue el astrónomo británico Sir Fred Hoyle quien la formuló, durante una entrevista radiofónica en la BBC, al hacer referencia a la teoría homónima sobre el origen del universo, que en un primer momento consideró poco sólida.

«Estas teorías se basan en la hipótesis de que toda la materia del universo se creó en un gran estallido [*big bang*] en un determinado momento del pasado remoto —afirmó—. Esta hipótesis es la menos plausible, ya que se basa en un procedimiento irracional que no puede describirse en términos científicos. En cambio, la teoría del estado estacionario puede representarse con ecuaciones matemáticas precisas cuyas consecuencias pueden compararse con la observación experimental. Incluso desde una base filosófica, no veo razón alguna para favorecer la idea del *big bang*. Antes bien, me parece una noción filosóficamente insatisfactoria, dado que se basa en un supuesto que no puede demostrarse mediante la observación directa».

La objeción de Hoyle era de naturaleza filosófica tanto como científica. No tenía sentido —argumentaba— hablar de la creación de un universo si no se disponía ya previamente del espacio y del tiempo en cuyo seno el universo iba a nacer.

Pasar de la idea de un universo inmutable y eterno a la de una realidad que «solo» empezó a existir hace 13.800 millones de años no es una transición obvia.

Concebir un universo en expansión tiene profundas consecuencias. Imaginemos que rebobinamos la película con la que se ha filmado la evolución del universo mientras se ha ido expandiendo como un globo. Observaríamos una contracción gradual, un volumen que se va encogiendo, que se hace cada vez más pequeño, hasta convertirse en un puntito. Hacer lo mismo con un universo estático e inmutable carecería del menor interés: la versión «rebobinada» sería indistinguible de la original. En cambio, con las observaciones de Hubble, el universo tiene ahora un «érase una vez» del que partir, un pasado que contar. En otras palabras, un principio. Lo que se requiere para que comience una historia: la del extraordinario y aún en gran medida misterioso cosmos al que pertenecemos.

La crónica del universo es también una historia de simetrías. Desde los experimentos de Galileo hasta la formulación de la teoría de la relatividad general hemos ido comprendiendo poco a poco que ningún lugar es realmente especial. Ningún observador, se desplace como se desplace, goza de privilegios garantizados por su propia perspectiva. Incluso las teorías que describen las otras tres fuerzas —electromagnética, nuclear fuerte y nuclear débil— se basan en un conjunto abstracto pero igualmente sugerente de principios de simetría. De ahí que una teoría sencilla y a la vez «neutral» con respecto a las perspectivas de observación no pueda sino granjearse la simpatía de los científicos.

La idea de simetría también resulta crucial para definir el tiempo. Su propia existencia, su discurrir hacia delante, parece ser en sí misma una negación de la simetría.

Sin embargo, las leyes de la física que rigen el universo no favorecen una determinada dirección del tiempo: funcionan igual hacia delante que hacia atrás. Como cuando se pulsa el botón de rebobinado mientras se ve una película. Si se te cae un jarrón, se romperá en mil pedazos; pero ninguna de las leyes de la física, si se invirtiera la dirección del tiempo, te impediría encontrártelo intacto entre tus manos.

Este efecto se conoce como simetría temporal, o también invariancia con respecto a la inversión temporal. Cuando los científicos han querido mirar hacia atrás, hacia el principio de todo, para comprender la verdadera naturaleza del espaciotiempo, la búsqueda de simetría ha sido una perspectiva esencial, que ha permitido abrir varias vías en la jungla de las interpretaciones posibles.

El primer fotograma de la película del Big Bang se sitúa a unos 10^{-43} segundos (hablamos de una fracción de segundo, un «cero coma» con 42 ceros detrás antes del 1) del instante inicial. En las teorías cuánticas de la gravedad, que predicen la unificación de todas las fuerzas fundamentales, ese es el momento en el que se presume que la gravedad se separa de las demás fuerzas. Las otras tres interacciones fundamentales permanecen unidas en una única fuerza que combina la interacción electromagnética, la nuclear fuerte y la nuclear débil. Poco después, a los 10^{-36} segundos del comienzo, se separa también la fuerza nuclear fuerte.

Todo comienza con una especie de caldo primigenio de altísima densidad y temperatura. Materia y radiación son una misma cosa. Un plasma uniforme e isótropo (igual en todo punto y en toda dirección) formado por partículas que interactúan entre sí a temperaturas superiores a un billón de billones de grados. Se desplazan en todas direcciones a velocidades cercanas a la de la luz. Es un universo tremendamente caliente y energético, que se expande.

El espacio y el tiempo se inician con la propia expansión. En esta fase solo las partículas elementales están presentes. Todavía no hay átomos, integrados por núcleos que han capturado electrones y protones: a esos niveles de energía y temperatura nada puede quedar atrapado.

La evolución más espectacular del universo que tiene lugar en estas primeras etapas concierne a su geometría y a su temperatura. La historia comienza con un enfriamiento continuo inducido por la expansión extraordinariamente rápida del espaciotiempo; un enfriamiento que provoca, de hecho, la aparición gradual de las fuerzas fundamentales tal como las conocemos. En una minúscula fracción de segundo surge primero la gravedad, la fuerza predominante en esos instantes iniciales, y luego le sigue el resto. Al enfriarse, el universo ya no tiene energía suficiente para crear nuevas partículas elementales en abundancia: como estableció Einstein en la relatividad especial, para que se cree masa, la energía debe ser al menos igual a mc^2.

Materia y antimateria se anulan mutuamente, aniquilándose. Pero, por fortuna, sobrevive algo de materia. Gracias a ello estamos aquí para contarlo.

Aproximadamente un segundo después del Big Bang, las condiciones de densidad y temperatura del universo son tales que la proporción entre protones y neutrones queda «congelada» en una relación de 7:1. En esta fase, las primeras partículas que se desacoplan del caldo primigenio son los neutrinos: estos surgen de la desintegración de los neutrones, y nada los atrapa debido a su naturaleza «escurridiza», puesto que apenas interactúan entre sí ni con el entorno que los rodea.

Tres minutos después del Big Bang, a medida que avanza la expansión, la temperatura desciende de 10^{32} a unos 10^9 grados Kelvin. Protones y neutrones empiezan a unirse, formando núcleos en los que se mantienen juntos gracias a la fuerza nuclear fuerte. De otro modo los neutrones habrían estado condenados a desaparecer, ya que se desintegran muy rápido. Por fortuna, en aquel momento la densidad del universo era muy similar a la que podemos encontrar hoy en el interior de una estrella. Gracias a la fusión nuclear, pues, empiezan a formarse los núcleos de los elementos más ligeros. El universo escribe las primeras letras del alfabeto contenido en la tabla periódica de Mendeléyev.

Asistimos al proceso de nucleosíntesis primordial. Se forman los núcleos de helio, deuterio y litio. La cuantía de estos elementos queda fijada a escala cósmica, junto con la del hidrógeno, cuya densidad se reduce a resultas de la formación de helio. Si calculamos en qué proporción se han producido dichos elementos por nucleosíntesis, hallamos resultados sorprendentes. La relación de masas entre el hidrógeno y el helio que aún hoy observamos en el universo es exactamente la establecida en los tres primeros minutos de su existencia: encontramos un átomo de helio por cada tres de hidrógeno.

Esta constituye una de las ratificaciones más asombrosas de la teoría del Big Bang. En efecto, de no haberse producido la nucleosíntesis primordial, no sería posible explicar la cantidad de helio que observamos hoy en el universo.

Es casi seguro que todo el hidrógeno de las moléculas de agua procede de los primeros minutos tras el Big Bang. Resulta extraordinario ser conscientes de ello: un vaso de agua es una máquina del tiempo en nuestras manos.

Estamos en el abecé de la formación de los elementos químicos, o, más bien, en el alfa, beta y gamma. En 1948, el que fuera uno de los pioneros del estudio de la nucleogénesis, el físico ucraniano naturalizado estadounidense George Gamow, junto con su alumno de doctorado Ralph Alpher, idearon un modelo matemático que trataba de explicar los procesos nucleares que se producirían en las condiciones de calor y densidad extremas que siguieron al Big Bang. El resultado fue extraordinario: con su modelo predijeron la proporción de hidrógeno y helio justamente en las cantidades observadas. En un artículo que pasaría a la historia, «The Origin of Chemical Elements» (El origen de los elementos químicos), se mostraba cómo, tras el Big Bang, las partículas subatómicas se habrían fusionado para formar protones y neutrones, y cómo, mediante sucesivas fusiones, habrían surgido los elementos químicos más pesados. A la hora de enviar el artículo para su publicación en *Physical Review*, Gamow, que tenía un peculiar sentido del humor, quiso añadir una tercera firma, la de su amigo Hans Bethe, un renombrado físico que hasta ese momento no había contribuido al desarrollo de la teoría. A Gamow le sedujo la idea de jugar con los apellidos de los autores, muy similares a los nombres de las tres primeras letras del alfabeto griego, para publicar el que se convertiría en un artículo emblemático, conocido desde entonces como «artículo Alpher-Bethe-Gamow» o «artículo abg».

Pero volvamos a ese jovencísimo universo de los primeros minutos. Aunque ha formado ya los núcleos de los primeros elementos ligeros, el plasma primigenio todavía está demasiado caliente para que puedan capturarse electrones que formen átomos neutros y estables. La materia del universo sigue siendo una niebla cargada eléctricamente, lo que impide que la luz la atraviese.

Habrán de transcurrir 380.000 años hasta que el universo se enfríe lo bastante como para permitir la formación de átomos neutros: núcleos con carga positiva que se combinan con electrones con carga negativa; una fase crucial en la historia del universo, que se conoce como «recombinación». Es en este capítulo de la historia cuando la materia y la luz empiezan a existir como entidades separadas: cada una sigue su propio camino. A partir de ese momento el universo deviene observable. Ningún telescopio que escudriñe las profundidades del cosmos mediante la radiación electromagnética, por potente que sea, podrá atisbar jamás lo que ocurrió tras ese muro opaco, firmemente plantado a 380.000 años del origen de todo. Aunque los fotones del fondo cósmico se habían formado muy pronto, unos tres microsegundos después del Big Bang, es ahora, en este momento de la evolución del cosmos y no en su nacimiento, cuando la luz puede correr libremente. Hágase la luz. Un nuevo comienzo; una nueva historia.

La luz del universo primigenio, es decir, la radiación que ya está presente inmediatamente después del inicio de la expansión cósmica, llegará a nosotros de forma directa, independientemente de las complejas vicisitudes que todavía aguardan al universo.

La primera luz que ha existido jamás sigue impregnando el universo entero, y continúa enfriándose a medida que este se expande. Por extraordinario que resulte, incluso podemos observarla y medirla. Son los mismos primeros fotones que surgieron 380.000 años después del Big Bang. Actualmente la temperatura de la llamada radiación cósmica de fondo, o radiación fósil, está justo por encima del cero absoluto: a unos 2,73 grados Kelvin, o unos -270 grados Celsius.

Tras las observaciones de Hubble, la captación de esta radiación fósil proporcionaría la prueba que faltaba, la confirmación de la existencia de un universo en expansión.

El eco del Big Bang encontró accidentalmente quien lo escuchara solo unos decenios después; gracias a una circunstancia imprevista y a algo de suerte.

Viajamos a Nueva Jersey, en la primera mitad de la década de 1960. Arno Penzias y Robert Wilson, dos ingenieros de la compañía Bell Telephone, se hallaban enfrascados en el estudio de las propiedades de las antenas de radio en el campo de la astronomía. Mientras estaban realizando unas mediciones detectaron un ruido de fondo uniforme en el rango de las microondas, que se mantenía invariable independientemente de la dirección en la que apuntara la antena. Una perturbación constante, presente día y noche. Solo después de haber agotado todas las explicaciones plausibles sobre el origen de aquel «ruido», incluidas las palomas que solían revolotear por los alrededores, comprendieron que podía tratarse de algo del todo inesperado, una radiación de otra índole, de naturaleza «extraterrestre».

Penzias y Wilson ignoraban que unos veinte años antes Gamow había sido el primero en plantear la hipótesis de la existencia de la radiación cósmica de fondo. Sea como fuere, su descubrimiento llegó a oídos de Bernard Burke, radioastrónomo de la Institución Carnegie de Washington, que a su vez estaba al corriente de que el equipo de uno de sus colegas, Bob Dickie, trabajaba en la radiación cósmica fósil en la Universidad de Princeton.

Como suele ocurrir en el ámbito científico, dos líneas de investigación distantes y del todo independientes entraron casualmente en contacto y terminaron propiciando un cambio de rumbo. En 1978, Penzias y Wilson recibieron el Premio Nobel por su descubrimiento: al interceptar aquella perturbación habían aportado una de las pruebas decisivas en favor de la teoría del Big Bang.

Sin embargo, todavía quedaban por aclarar algunos puntos oscuros, y no precisamente insignificantes. Aunque la del Big Bang se contaba entre las teorías científicas más consolidadas, los físicos y astrónomos que en las décadas de 1960 y 1970 trabajaban en el ámbito de la cosmología seguían teniendo muchas dudas, debido sobre todo a dos cuestiones abiertas que las observaciones habían puesto de manifiesto: el problema de planitud y el problema del horizonte.

El primer enigma surge de la constatación de que el universo parece extremadamente plano y la luz que observamos parece viajar siguiendo líneas rectas. Esta planitud era difícil de explicar con la versión clásica de la teoría del Big Bang. La curvatura del universo, predicha por la teoría de la relatividad general, depende de la densidad de energía. El hecho de que aun hoy el universo mostrara una curvatura casi inexistente tras miles de millones de años de expansión exigía que en su origen dicha curvatura fuera ya pequeña. Muy pequeña, de hecho, lo cual requería la existencia de lo que se conoce como «ajuste fino», es decir, una calibración extremadamente precisa de la densidad de energía inicial. Y eso parecía improbable.

El segundo enigma afectaba a la observación del universo a gran escala, en tanto este presenta un aspecto demasiado homogéneo en términos de propiedades físicas. Así, regiones del cielo causalmente inconexas, en el sentido de que jamás podrían haber entrado en contacto porque la distancia que las separa es mayor de la que podría haber recorrido la luz en el tiempo de vida del universo, resultan tener la misma temperatura media.

Ambos misterios aguardaban a ser desvelados. Pero entonces llegó el *Bang*.

La noche del 6 de diciembre de 1979, durante su estancia en el Centro del Acelerador Lineal de Stanford, el joven investigador Alan Guth escribió en la primera página de su cuaderno de notas: «Spectacular realization»; una intuición espectacular.

Guth estaba desarrollando un modelo de expansión exponencial del universo primigenio que pudiera clarificar las razones de la ausencia de monopolos magnéticos —partículas con carga magnética positiva o negativa— predichos por las teorías de la gran unificación. Mientras reflexionaba sobre la entonces inexplicable planitud del cosmos observada a escalas del orden de los cientos de millones de años luz, se dio cuenta de que su modelo podía ofrecer una justificación física de la extraordinaria homogeneidad e isotropía del universo. Su intuición espectacular condujo a la formulación de una teoría que cambiaría profundamente nuestra perspectiva sobre la evolución del universo y, en particular, sobre lo ocurrido en los primeros instantes tras el Big Bang: la teoría de la inflación cósmica.

Según Guth, poco después de su nacimiento el universo atravesó una fase de expansión extremadamente rápida, y en un abrir y cerrar de ojos su tamaño aumentó unos mil billones de billones de veces. A los 10^{-36} segundos de que todo empezara, el universo se vio arrollado por un asombroso impulso que lo llevó de tener dimensiones microscópicas a adoptar una escala cósmica propiamente dicha. La genial intuición de Guth consistió en imaginar que cualquier pequeña discrepancia en la distribución de la materia y la radiación en el universo primigenio habría quedado completamente nivelada por su rapidísima expansión inicial.

Guth planteó entonces una hipótesis acerca de los primeros instantes posteriores al Big Bang, que describió como una fase de expansión muy rápida durante un periodo de tiempo extremadamente breve: el comprendido entre los 10^{-35} y los 10^{-30} segundos tras del nacimiento del universo; apenas nada. Para Guth, en ese tiempo infinitesimal la inflación aumentó la distancia que separaba dos puntos cualesquiera del universo en un factor aproximado de unas 10^{26} veces. En esa diminuta fracción de segundo el universo se expandió de forma acelerada, exponencial, multiplicando su tamaño durante toda la fase inflacionaria.

En menos del tiempo que tarda en batir sus alas un mosquito, el volumen del universo ya había crecido más de un billón de billones de veces. La región inicial, de unos 10^{-29} metros, alcanzó aproximadamente un milímetro de diámetro al final de la inflación.

Esta expansión extremadamente rápida explicaría la enormidad del universo y justificaría unas dimensiones mucho mayores de las que resultan coherentes con el modelo inicial del Big Bang. Fue así como se enfrió la materia y se aplanó la curvatura del espacio tridimensional. La inflación estiró los pliegues del tejido espaciotemporal. Una única región microscópica, donde todo estaba tan próximo que se comunicaba a través de radiación que viajaba a la velocidad de la luz, creció hasta convertirse en el universo que hoy conocemos, inmenso y homogéneo.

En el modelo inflacionario, el universo es vasto y plano precisamente porque experimentó tan extraordinario crecimiento en su fase inicial. Como en la superficie de un globo, cualquier región concreta parecerá cada vez más plana a medida que este se hincha. Esta planitud también atribuye un valor muy preciso a la densidad del universo: una densidad más alta habría provocado una curvatura positiva del espacio, causando rápidamente su colapso, mientras que una menor densidad habría causado una expansión tan rápida que ni tan solo habría podido formarse su estructura.

La intuición de Guth nos ofrece asimismo otras novedosas interpretaciones. También explica, por ejemplo, por qué hoy todavía existen estructuras localizadas: estrellas, galaxias y cúmulos de galaxias. Para él, vemos la materia de este modo porque es el resultado de pequeñísimas irregularidades en el universo primigenio que aumentaron desmesuradamente durante la inflación.

Formulada en 1981, la teoría de la inflación cósmica parecía solo una mera conjetura. El propio Guth estaba convencido de que se trataba de una hipótesis muy plausible, pero que resultaría imposible de demostrar empíricamente. No ha sido así: hoy disponemos de numerosos indicios experimentales en favor de su teoría.

Como dijo Guth durante una entrevista realizada en 2014 para *MIT News*:

> Suelo referirme a la inflación como la teoría del *bang* [la explosión] del Big Bang. Es el razonamiento que explica el mecanismo de propulsión que guio el universo durante el periodo de extraordinaria expansión que llamamos Big Bang. En efecto, en su forma original la teoría del Big Bang no abordaba la explosión, qué explotó, el porqué o lo que ocurrió antes de que explotara.

El Big Bang no empieza con un estallido, no causa ningún estrépito. El *bang* es la inflación. Ahí radica la genialidad de Guth: en redefinir con su propia teoría los instantes que iniciaron la lenta y tranquila evolución cósmica posterior. La inflación diluyó la materia y la radiación iniciales, y provocó un brusco enfriamiento de la temperatura. Una vez que cesó la inflación, la energía que la había impulsado se transformó en un montón de partículas elementales.

Con la teoría inflacionaria se lograba responder a una serie de cuestiones hasta entonces no resueltas: por qué el universo contiene tanta materia pese a haber crecido a partir de regiones de dimensiones infinitesimales; por qué tiene una vida tan larga; cómo, a pesar de la enorme cantidad de materia y energía que contiene, ha conseguido evolucionar de tal modo que puede celebrar más de 13.000 millones de años de existencia sin colapsar sobre sí mismo.

Resulta asombroso constatar cómo el paradigma inflacionario permite explicar tanto la estructura a gran escala que observamos en el universo —galaxias, cúmulos de galaxias— como las pequeñas fluctuaciones de temperatura detectadas en la radiación cósmica de fondo. Dado que la inflación se produce en los primerísimos instantes de la evolución del universo, cuando las energías son extremadamente altas, las leyes físicas que gobiernan su dinámica son las que rigen lo infinitamente pequeño.

Las galaxias se iniciaron a partir de fluctuaciones cuánticas en el universo primigenio, grabadas como improntas en la radiación cósmica de fondo. Las diminutas oscilaciones de la materia que durante la inflación aumentaron hasta alcanzar dimensiones enormes son las semillas de la formación de las estructuras astronómicas que se producirían más tarde debido a la atracción gravitatoria.

En 2013 el satélite Planck, que cartografiaba todo el firmamento, detectó con increíble precisión las pequeñas fluctuaciones de la radiación cósmica de fondo. Sus propiedades estadísticas concuerdan a la perfección con las predicciones de la teoría inflacionaria.

Aquella hoja, hoy amarillenta, con las palabras «Spectacular realization» se conserva en el Planetario Adler de Chicago.

La extraordinaria historia de un universo en expansión y en transformación, compuesta de capítulos siempre novedosos, es también la de una resiliencia intrínseca. Como señala el astrofísico Michel Cassé en su artículo «Lever d'astres dans le ciel de la connaissance» (Astros nacientes en el cielo del conocimiento):

Los flujos y reflujos permanentes entre energía y materia, la ruptura de simetrías, las transiciones de fase —en resumen, la evolución del universo— no pueden ocultar, sin embargo, la presencia de una eternidad latente: la de unas leyes serenas y solemnes. Las leyes del cambio, al menos en una primera aproximación, no cambian.

Con unas dimensiones un poco mayores que una hoja de papel de tamaño A4, la *Huida a Egipto* de Adam Elsheimer es un pequeño cuadro a la vez intenso y emocionante. El artista francfortés lo pintó en Roma en 1609. Unos meses después, tras su muerte prematura, el cuadro apareció colgado en la pared de su dormitorio.

Es de noche. En la oscuridad brillan múltiples puntos de luz. José, con una antorcha en la mano, sigue a pie a María y el niño, que viajan a lomos de un asno. No muy lejos, unos pastores se calientan alrededor de una chisporroteante hoguera. La luna llena se refleja en el lago en calma. Sobre ellos se alza la inmensidad de un cielo tranquilo, con la Luna y una miríada de estrellas.

Hay algo inusual en ese cielo, nunca visto hasta entonces en la historia del arte. Esos puntos luminosos no representan una mera distribución aproximada y aleatoria de estrellas en la oscuridad. En esa noche tan extraordinariamente poética y misteriosa acontece algo nuevo: por primera vez la Vía Láctea aparece en un cuadro, perfilada con notable precisión. Elsheimer debió de escudriñar el cielo nocturno miles de veces, y con paciente atención, para lograr ese grado de exactitud. Una precisión apasionante si se tiene en cuenta que la publicación de las primeras observaciones astronómicas de Galileo no llegaría hasta muchos meses después.

Hace tan solo cien años la gente seguía convencida de que la Vía Láctea era el universo entero. Todo lo existente estaba contenido en ese contorno luminoso y familiar que aparece representado en la *Huida a Egipto*.

Cuando Edwin Hubble observó en 1925 que Andrómeda era una galaxia en sí misma, el universo se amplió y empezó a poblarse. Como hemos visto, hoy sabemos que la nuestra y Andrómeda son solo dos de entre las cerca de cien mil millones de galaxias observables.

En menos de un siglo hemos descubierto muchas cosas. Nuestro universo no es inmutable ni eterno, sino que tuvo un principio; el espaciotiempo se curva en presencia de energía y materia, se expande.

Y desde hace algunos años sabemos también que esa expansión se está acelerando. Cada vez estaremos más lejos unos de otros. Y dentro de miles de millones de años, aun con los telescopios más potentes, no podremos ver más que oscuridad más allá de nuestra galaxia. La luz emitida por las estrellas y galaxias remotas ya no podrá alcanzarnos. Las distancias en aumento se traducirán en separaciones inalcanzables. Lo dictan las leyes de la física. Y no pueden desobedecerse.

Si observamos el espacio profundo, no encontraremos más que una interminable extensión de silenciosa quietud, oscura, aparentemente vacía. Quizá volvamos a imaginar el universo como se creía que era antes de Hubble: estático e inmutable. Quizá volvamos a pensar que todo él se reduce a nuestra isla de luz y materia representada en aquella noche de luna de la *Huida a Egipto*.

Lo desconocido no es necesariamente una oscuridad que se ilumina poco a poco. El misterio puede dar todo un rodeo para luego volver.

5

La realidad de la antimateria

Inmediatamente después de la génesis, el primer crimen

Dos antiguos compañeros de instituto hablan de sus respectivas profesiones. El estadístico le enseña a su amigo un artículo científico que ha escrito, le muestra los gráficos y le explica los símbolos referentes a la población real, la población media, etcétera. El compañero, algo incrédulo, duda de si su amigo no le está tomando el pelo.

—¿Cómo puedes saber eso? —le reprocha—. ¿Y qué símbolo es este de aquí?

—¡Ah! —responde el estadístico—, se trata de pi.

—¿Y eso qué es?

—La relación entre la circunferencia y su diámetro.

—Vaya, ahora estás llevando la broma demasiado lejos —replica su compañero—. Estoy seguro de que la población no tiene nada que ver con la circunferencia.

Así empieza un famoso artículo publicado en 1960 del Premio Nobel Eugene Wigner: «The Unreasonable Effectiveness of Mathematics in the Natural Sciences» (La irrazonable eficacia de la matemática en las ciencias naturales). La respuesta ante la conexión entre la población y la circunferencia puede hacernos sonreír, pero sintetiza muy bien un malestar generalizado. ¿Qué tienen que ver las matemáticas con la realidad? ¿Con mi propio mundo? ¿Y conmigo? El instinto de búsqueda de familiaridad en el lenguaje tiende a trasladarse automática y rígidamente a las matemáticas y sus símbolos. La imposibilidad real o percibida de comprender algo pronto se convierte en irritación. No hay guía, ni puente, ni posibilidad de conexión personal. El mundo que oculta ese lenguaje no emerge ante nuestros ojos. Es plano, carente de toda profundidad. Las fórmulas y los símbolos se convierten en un muro tras el cual uno se siente desamparado.

Sin duda es mucho lo que se puede contar del mundo físico que nos rodea. Sin embargo, este representa solo una parte de aquello a lo que las matemáticas pueden darnos acceso: el lenguaje del universo que de algún modo prescinde de nosotros, un hilo que nos une a lo que aún no sabemos que ignoramos. Sucede, entonces, que con una fórmula se abren caminos inesperados; el vértigo de verdades vislumbradas antes de que haya espacio para asimilarlas; milagros de interconexión.

Ese es uno de los puntos que aborda Wigner: «La matemática desempeña un papel irrazonablemente importante en la física»; los conceptos matemáticos pueden revelar vínculos del todo inesperados; «El milagro de la idoneidad del lenguaje de las matemáticas para la formulación de las leyes de la física» es algo que «no comprendemos ni merecemos». Pero en su artículo Wigner habla también del gran genio que fue su cuñado, Paul Dirac.

Dirac fue un científico brillante, riguroso y con fama de solitario. Sus colegas y alumnos lo describían como una persona excéntrica, cuyo carácter reservado rayaba la hosquedad. Era capaz de permanecer en silencio durante larguísimos períodos de tiempo. En Cambridge, sus colegas acuñaron una unidad de medida específica —el Dirac— para indicar el menor número de palabras posible en el mayor lapso de tiempo: aproximadamente una palabra por hora.

Como relata Graham Farmelo en su libro *The Strangest Man: The Hidden Life of Paul Dirac, Quantum Genius* (El más extraño

de los hombres: La vida secreta de Paul Dirac, genio cuántico),
sus más íntimos amigos y admiradores, entre ellos J. Robert
Oppenheimer —el pionero de las armas nucleares—, Werner
Heisenberg y Albert Einstein, lo describían como un hombre
de exagerada rareza. «Este equilibrio en el vertiginoso sende-
ro que discurre entre el genio y la locura resulta terrible», dijo
Einstein en cierta ocasión refiriéndose a él. El propio Einstein
tenía un ejemplar del libro de Dirac sobre mecánica cuántica
junto a su cama, y se dice que, cuando se tropezaba con un problema especialmente espinoso, murmuraba: «¿Dónde está mi
Dirac?».

Como muchos físicos de su época, Paul Dirac intentaba
hallar una forma de aunar la teoría de la relatividad especial de
Einstein, que afecta a objetos que se desplazan a velocidades
cercanas a la de la luz, y la mecánica cuántica, que se aplica a la
materia a escalas microscópicas.

El problema suscitaba un gran interés, habida cuenta de que
las partículas más pequeñas, como el electrón, viajan precisamente a velocidades próximas a las de la luz.

En 1928, Dirac lo consiguió. Escribió una única ecuación
—la conocida ecuación de Dirac— que hacía compatibles ambas teorías. El éxito fue inmediato. La ecuación formulada por
Dirac describía de forma precisa el comportamiento del electrón, y se utilizó para calcular los niveles de energía que este
puede adoptar en el átomo de hidrógeno. Enseguida se hizo evi-
dente que no se trataba de un simple artificio matemático, sino
de un «aparato» del que emanaba una nueva y exacta representación de la realidad.

En 1933, a los treinta y un años de edad, Dirac sería galardonado con el Premio Nobel, junto con Erwin Schrödinger, por
su contribución a la teoría atómica.

Pero la ecuación presentaba una rareza: tenía dos soluciones. Algo así como la ecuación $x^2 = 4$, que puede resolverse con

dos valores de signo opuesto ($x = 2$ o $x = -2$). Una de las soluciones de la ecuación de Dirac describía claramente el electrón como cabía esperar. Pero quedaba por ver qué podía significar la otra, puesto que de la ecuación surgía de forma inequívoca un «gemelo» idéntico al electrón, pero con una improbable energía negativa.

Ni la física clásica ni el sentido común contemplaban la idea de que pudiera haber energías que no fueran positivas, ni menos aún la posibilidad de un desdoblamiento. Una vez más, las matemáticas nos pillaban desprevenidos, en esta ocasión ante el hecho de que de la ecuación surgía, junto al electrón, un misterioso compañero de signo opuesto.

Dirac no interpretó que la nueva solución implicara la existencia de otra partícula independiente del electrón, sino más bien otro posible estado en el que el propio electrón podría hallarse, definido en este caso por una energía opuesta. Sin embargo, esto planteaba un problema. Los sistemas físicos siempre tienden a ocupar el estado de energía mínima. De la misma forma que una pelota en equilibrio inestable en lo alto de una montaña rodará ladera abajo a la menor perturbación hasta detenerse en el valle, persiguiendo así la configuración de mínima energía, un electrón con energía positiva debería decaer de manera natural en su gemelo de energía negativa. En otras palabras, la segunda solución llegaba, de hecho, a poner en duda la propia existencia del electrón. Era importante comprender, pues, qué interpretación física se ocultaba en ese resultado.

Dirac vaciló durante tres largos años antes de aceptar que la solución de energía negativa pudiera describir algo real. Había intuido que no se trataba únicamente de una de las redundancias habituales en matemáticas. Su ecuación había revelado, junto a las partículas conocidas, la existencia de una realidad de signo opuesto: el mundo de la antimateria. La ecuación hacía que a cada electrón le correspondiera un «antielectrón», o «positrón», idéntico en todo, pero con una carga eléctrica opuesta. Sin embargo, este juego de espejos no se aplica solo al electrón. Nadie queda excluido: a cada partícula le corresponde su antipartícula.

«Dios utilizó hermosas matemáticas para crear el mundo», afirmaba Dirac. Las matemáticas tienen un poder extraordinario: pueden extraer hebras de la urdimbre de lo que no sabemos que ignoramos. A la hora de comprender el mundo físico, no obstante, son las observaciones las que marcan la diferencia.

Unos años después llegarían las pruebas experimentales. Fue Carl D. Anderson quien observó por primera vez un positrón, lo que le valdría el Premio Nobel de Física en 1936.

Anderson había construido una cámara de niebla capaz de registrar el tránsito de partículas en su interior: la cámara estaba inmersa en un campo magnético capaz de curvar la trayectoria de las partículas con carga eléctrica que la atravesaban. La curvatura de las partículas depende de dos factores. El primero es la carga de la propia partícula: las partículas con carga positiva se curvan hacia un lado; las que tienen carga negativa lo hacen hacia el lado opuesto. El otro factor que determina la intensidad de la curvatura es la masa de la partícula: cuanto más ligera sea, más fácil resultará curvar su trayectoria.

El paso de los rayos cósmicos por la cámara de niebla del laboratorio dejó un nuevo rastro: algo similar a la trayectoria de un electrón que, por efecto del campo magnético, parecía curvarse, en cambio, siguiendo una trayectoria especular. Ese efecto solo podía explicarse pensando en una partícula con carga opuesta a la del electrón. No había ninguna duda. Se trataba de un positrón: la antipartícula del electrón. Tenía la misma masa y las mismas características del electrón (como el espín con el que gira sobre sí mismo), pero una carga eléctrica positiva.

Lo interesante del asunto es que Anderson desconocía la ecuación de Dirac y sus dos soluciones, pero, aun así, sentenció su triunfo. «La ecuación —señalaría más tarde el físico británico— había sido más inteligente que yo».

El descubrimiento del positrón fue un acontecimiento extraordinario, pero quedaba por saber de dónde provenía. Aunque el mundo está lleno de electrones, encontrar positrones, en cambio, no era nada fácil. Al estudiar la naturaleza de estas partículas quedó de manifiesto que, si un electrón y un positrón se encuentran, se aniquilan mutuamente, transformándose en radiación luminosa de altísima energía en forma de dos fotones. De ahí que los positrones sean tan difíciles de encontrar, puesto que cada vez que se tropiezan con un electrón (de los que el mundo rebosa), ambos desaparecen en un destello de energía. De hecho, el positrón observado por Anderson provenía de las profundidades del cosmos: era el resultado de la colisión de rayos cósmicos procedentes del espacio profundo con las partículas de la atmósfera; una colisión a partir de la cual se generan otras partículas que no están presentes de manera estable en nuestro planeta.

Como sintetiza la fórmula de Dirac, la materia y la antimateria siempre surgen juntas. Nacen en pareja. Pero si entran en contacto, ¡plaf!, se aniquilan; y dejan tras de sí destellos de pura energía.

En las décadas siguientes se comprendió que toda partícula tiene una antipartícula. Y el destino de su aniquilación es una propiedad general: cuando una partícula entra en contacto con su antipartícula, el encuentro resulta fatal para ambas. Algunas partículas especiales sin carga eléctrica, como el fotón, carecen de las antipartículas correspondientes debido a que ellas mismas son sus propias antipartículas; como en el caso de $x^2 = 0$, que solo tiene una solución ($x = 0$) y no dos.

Materia y antimateria, pues, no pueden coexistir. La estabilidad del mundo que observamos, capaz de contener desde moléculas hasta formas de vida complejas, no podría existir si este estuviera constituido por materia y antimateria juntas: nuestro mundo está formado solo por materia. Sin embargo, la materia en sí no tiene nada de especial en comparación con la antimateria, al menos según la teoría de Dirac. Los positrones y antiprotones pueden crear átomos de antimateria de forma totalmente equivalente a la materia.

Para poner a prueba esta hipótesis, los científicos del CERN (el Consejo Europeo para la Investigación Nuclear) intentaron sintetizar átomos de antimateria, cosa que en efecto lograron: en 1996 se pudo observar por primera vez un puñado de átomos de antihidrógeno. Desde entonces se han realizado numerosos experimentos para estudiar los átomos de antimateria. Sin embargo, sigue siendo muy difícil aislarlos, dado que, como ya hemos mencionado, *desaparecen* al entrar en contacto con sus correspondientes formas de materia.

En teoría, la existencia y la estabilidad de la antimateria abren la posibilidad de otros mundos, otros sistemas solares u otras galaxias formadas solo por antipartículas. Al fin y al cabo, la antimateria se comporta exactamente igual que la materia en lo que respecta a las interacciones electromagnéticas, de modo que observar una galaxia a través de su radiación luminosa no nos permite distinguir si dicha galaxia está hecha de materia o de antimateria. En realidad, no obstante, los físicos están bastante convencidos de que el universo observable está hecho exclusivamente de materia, y no de antimateria. El espacio que separa las galaxias del universo no está vacío, por mucho que lo parezca a simple vista: está lleno de sustancias como, por ejemplo, el hidrógeno. Si hubiera «antigalaxias», tendríamos que observar por fuerza destellos luminosos en el cielo debidos a la aniquilación entre materia y antimateria. Y hasta ahora eso no ha sucedido nunca.

Según la ecuación de Dirac, la materia y la antimateria son iguales en todo salvo en la carga. Aunque todavía se sabe poco sobre el origen del cosmos, las diversas teorías coinciden en postular que en el universo surgido del Big Bang habría cantidades iguales de materia y antimateria.

Su aniquilación completa habría vaciado el universo de todo contenido en un abrir y cerrar de ojos.

Dicha aniquilación cósmica habría dejado un residuo tras de sí, un rastro de fotones que se habrían ido enfriando conforme avanzaba la expansión. Pero nada más: ni la más mínima posibilidad de que existiera un mundo como el que conocemos. Cómo logró la materia imponerse a su antagonista sigue siendo un misterio. Uno de los más fascinantes de la física contemporánea.

Al principio el universo era extremadamente denso y caliente, y las partículas de materia y antimateria interactuaban entre sí todo el tiempo. En algún momento, sin embargo, debió de producirse un desequilibrio entre materia y antimateria que hizo que solo una de las dos sobreviviera.

Aún ignoramos el mecanismo subyacente a ese desequilibrio. Si la teoría del Big Bang es correcta, significa que nuestro modelo estándar de la física de partículas, incluyendo la ecuación de Dirac y las partículas que emanan de ella, está incompleto. Para explicar el desequilibrio bastaría con que hubiera existido al principio de todo una ínfima diferencia entre las cantidades de materia y antimateria, algo que resulta muy difícil de medir en experimentos terrestres. Bastaría, de hecho, con que de entre 10.000 millones de pares de partículas de materia y antimateria hubiera sobrevivido una sola partícula de materia a la aniquilación mutua.

Como afirma el célebre astrofísico francés Michel Cassé: «Au debut, il y a génèse, mais il y a aussi meurtre. La moitié du ciel qui disparaît». Inmediatamente después del génesis se produce el primer crimen: la mitad del cielo desaparece.

Donde hay materia no puede haber antimateria, salvo durante una fracción infinitesimal de segundo. La hipótesis, pues, es que una ínfima proporción de materia podría haber sobrevivido hasta crear el universo tal como lo conocemos.

Sin embargo, esta ligera asimetría por sí sola no basta para explicar la evolución de la materia y de las estructuras del cosmos. En Ginebra, los físicos del CERN, gracias a los experimentos realizados con el Gran Colisionador de Hadrones (LHC, por sus siglas en inglés), están investigando a fondo las propiedades de la materia y la antimateria en busca de una pequeña diferencia en su comportamiento. Hasta ahora, no obstante, ninguna diferencia ha podido arrojar luz sobre el desequilibrio acaecido en los primeros instantes de vida del universo.

En el plano teórico, el físico nuclear y disidente ruso Andréi Sájarov, galardonado con el Premio Nobel de la Paz en 1975 por su activismo en favor del desarme y los derechos humanos, definió las tres condiciones necesarias que deberían haberse dado en el universo primigenio para que surgiera el desequilibrio que observamos. La primera condición es que el número total de bariones del universo no se conserve. Los bariones son partículas formadas por quarks, como, por ejemplo, el neutrón o el protón. Debe existir, pues, algún mecanismo capaz de crear protones sin que se forme un número igual de antiprotones.

La segunda condición implica la violación de las simetrías: la «simetría C», de carga, y la «simetría CP», de carga y paridad. La simetría C exige que las leyes de la física sigan siendo las mismas si se intercambian todas las cargas positivas del universo por cargas negativas y viceversa. La simetría CP resulta un poco más compleja, y nos dice que las leyes de la naturaleza deben seguir siendo las mismas si primero se aplica un cambio de simetría C (es decir, se intercambian todas las cargas positivas y negativas) y luego una inversión de las coordenadas espaciales (es decir, si se intercambian derecha e izquierda, arriba y abajo, y dentro y fuera, como si miráramos el universo en un espejo). Pues bien: la segunda condición de Sájarov necesaria para crear el desequilibrio entre materia y antimateria exige que se violen ambas simetrías.

En 1964 se descubrió que, de hecho, en el modelo estándar tal como lo conocemos, la violación de la simetría CP ya se produce por la desintegración de una partícula neutra llamada «kaón». El descubrimiento les valió a James Cronin y Val Fitch el Premio Nobel en 1980. Sin embargo, aunque se demostrara una diferencia de comportamiento entre la materia y la antimateria, la violación de la simetría CP en esta única desintegración no basta para explicar que la materia se impusiera en el universo primigenio.

La tercera y última condición es que el universo no esté en equilibrio térmico. Si no se cumplen las tres condiciones de Sájarov, el desequilibrio entre materia y antimateria no se produce.

La última condición de Sájarov no plantea ningún problema: un universo como el nuestro, que se expande y se enfría, está ciertamente lejos del equilibrio térmico. Los otros dos criterios, en cambio, se revelan más complejos. Entre otras cosas, porque no existe ningún mecanismo para transformar la materia en antimateria y viceversa. No se puede andar de aquí para allá entre estas dos modalidades.

Sin embargo, existe otra posibilidad: recurrir a la intervención de los neutrinos. Estos podrían ser los superhéroes que han salvado el mundo.

La antimateria, por todo el imaginario que conlleva, resulta ser bastante pop. En el *thriller* científico-religioso de Dan Brown *Ángeles y demonios*, una secta ancestral (los *Illuminati*) pretende destruir el Vaticano con una bomba de antimateria. Y en un giro argumental quizá más característico de la ciencia ficción que la propia bomba, los villanos han robado del CERN el cuarto de gramo de antimateria necesario para desencadenar la explosión. Tom Hanks no debía de ser consciente de que se necesitarían cientos de millones de años para producir un cuarto de gramo de antimateria.

La nave *Enterprise* de *Star Trek* viajaba más rápido que la luz sacando partido de la aniquilación mutua entre átomos de deuterio y antideuterio; los robots de Asimov razonaban gracias a un cerebro positrónico, mientras que los Cuatro Fantásticos de Marvel encontraban la clave para acceder a la Zona Negativa, un mundo paralelo hecho solo de antimateria, invirtiendo la polaridad de sus propias moléculas.

El 6 de enero de 1996, la portada del diario francés *Libération* exhibía un titular que rezaba: «Premiers pas dans l'antimonde» (Primeros pasos en el antimundo) junto a la imagen de un superhéroe aferrado a un meteorito. En efecto, en septiembre del año anterior se habían fabricado en el CERN los primeros antiátomos de hidrógeno. El artículo aseguraba a los lectores que ya no había partículas de antimateria en la Tierra.

Se equivocaba. La antimateria es algo real, e incluso cercano. Basta, por ejemplo, con tomar un plátano: los átomos de potasio que contiene se desintegran, y de forma esporádica pueden emitir un positrón.

Se observan constantemente antipartículas en los rayos cósmicos, o como resultado de desintegraciones radiactivas. También se producen pequeñas cantidades de antimateria en los relámpagos durante las tormentas. Sin embargo, al aniquilarse casi al instante con la materia, las antipartículas naturales tienen una vida brevísima.

En los aparatos de TEP (tomografía por emisión de positrones [PET, por sus siglas en inglés]), se evalúa la presencia de células tumorales administrando al sujeto sustancias metabólicamente activas marcadas con radioisótopos de desintegración rápida, que emiten positrones. Y si algún día fuera posible introducir una cierta cantidad de antiprotones en el tejido donde se localiza un tumor, las aniquilaciones producidas en el interior de las células tumorales liberarían energía y las destruirían. El CERN, con su potentísimo acelerador, es hoy una auténtica fábrica de antimateria. Atrapándola, enfriándola y combinándola, ha sido posible producir antihidrógeno y estudiar en detalle algunas de sus características, como la masa, la carga, el espectro luminoso y el comportamiento en condiciones de gravedad. Por el momento todo parece confirmar que exhibe una extrema semejanza con el hidrógeno que conocemos, salvo por la carga de sus componentes.

Otro instrumento «a la caza» de antimateria es el llamado Espectrómetro Magnético Alpha, el mayor detector de partículas del espacio, que desde 2011 orbita nuestro planeta en la Estación Espacial Internacional. Uno de sus objetivos científicos es estudiar en detalle la composición de los rayos cósmicos, entre otras cosas, con el fin de detectar la presencia, extremadamente rara, de partículas de antimateria.

Hace poco se ha producido un descubrimiento que podría resultar de gran relevancia en relación con el misterio de la antimateria, y que afecta a una de las partículas más esquivas del modelo estándar: el neutrino. Aunque Wolfgang Pauli postuló su existencia en 1930 para explicar la desintegración beta, un importante proceso asociado a las reacciones nucleares, habrían de transcurrir veintidós años para su verificación experimental, que llegó en 1956 gracias a los físicos Clyde Cowan y Fred Reines. La razón está en su naturaleza escurridiza. Los neutrinos son el producto de la desintegración de partículas más pesadas, no tienen carga eléctrica, su masa es ínfima y solo pueden detectarse de manera indirecta y con escasa precisión. Atraviesan las galaxias sin verse perturbados porque interactúan muy débilmente con la materia, y portan consigo, en función de su origen, un tesoro de información inalterada: mensajes sobre sucesos de alta energía como las explosiones de supernovas; sobre lo que ocurre en el interior de las estrellas, incluido el Sol, durante los procesos de fusión, o sobre el efecto de los rayos cósmicos que inciden en la atmósfera terrestre. Los neutrinos primigenios, producidos en las primeras fases de la expansión del universo, han ido perdiendo energía poco a poco desde entonces y se han vuelto prácticamente imposibles de rastrear.

Existe una hipótesis que puede hacer del neutrino la solución al problema materia/antimateria. Como todas las partículas conocidas, el neutrino tiene su antipartícula: el antineutrino. Según el modelo estándar de la física de partículas, el neutrino podría ser una partícula de Dirac, esto es, una partícula del tipo descrito por su famosa ecuación. Sin embargo, a nivel teórico, existe una versión alternativa: el neutrino de Majorana. A diferencia del neutrino de Dirac, el neutrino de Majorana es especial porque él mismo sería su propia antipartícula. No obstante, aún no hay pruebas de que el neutrino se comporte como describe Majorana en lugar de como predice la teoría de Dirac.

Uno de los experimentos con los que se pretende dar caza a esta partícula es el italiano CUORE (por las siglas inglesas de Observatorio Criogénico Subterráneo para Sucesos Raros), instalado en los laboratorios del Instituto Nacional de Física Nuclear bajo el macizo del Gran Sasso, que trata de observar un tipo concreto de desintegración denominada «desintegración beta doble sin neutrinos», básicamente, como su propio nombre indica, un proceso que acontece sin la emisión de ningún tipo de neutrino. Si los científicos que trabajan en el CUORE detectaran su presencia, tendríamos la prueba de que los neutrinos son del tipo descrito por Majorana. La transición entre materia y antimateria sería, pues, posible.

Existe en el mundo un lugar espectacular único en el planeta. Está escondido en la mina de Kamioka, en las montañas situadas al oeste de Tokio, o más bien debajo de ellas, a mil metros bajo tierra. Es una especie de templo de la investigación de la antimateria. Un triunfo dorado reflejado en azul.

Se trata del Super-Kamiokande, o Super-K, como suele abreviarse. Resulta impresionante a la vista: más de 11.000 esferas de brillante color dorado cubren sus inmensas paredes y se reflejan en la quietud de 50.000 toneladas de un agua purísima y transparente. Si se observan con atención las fotos del Super-K, a veces incluso puede vislumbrarse a alguien en un bote neumático, un puntito de color naranja flotando en la inmensidad.

Las miles de esferas doradas forman una red de ojos electrónicos (fotomultiplicadores) prestos a captar la luz producida por las interacciones de los escurridizos neutrinos con el agua, de extrema pureza. Pero se trata de un suceso sumamente raro, dado que los neutrinos tienen una probabilidad muy baja de interactuar con la materia y, por ende, de ser detectados. En el Super-Kamiokande, la abundancia de agua y, en consecuencia, de átomos multiplica la probabilidad de que se produzca una interacción, favoreciendo así la potencial detección de neutrinos.

Se espera que de vez en cuando un neutrino choque contra una de las numerosísimas partículas de agua de los tanques y produzca una radiación luminosa, que entonces será captada por los fotomultiplicadores y luego medida.

Este experimento estudia un atributo específico de los neutrinos denominado «sabor». El sabor es una propiedad de las partículas elementales que, exactamente igual que la carga y la masa, define sus características y su tipo de interacción con otras partículas. Por lo general, las partículas elementales no cambian sus propiedades con facilidad. Un electrón con carga positiva, por ejemplo, nunca cambiará su carga. Pero los neutrinos tienen una particularidad: pueden presentarse en tres «sabores» distintos, conocidos como muón, electrón y tau; mientras viajan pueden «oscilar» e ir cambiando de sabores. Como si el sabor de un helado de chocolate de repente se transformara y supiera un poquito a fresa o del todo a vainilla.

Gracias al Super-Kamiokande se ha podido estudiar más a fondo la probabilidad de que un neutrino oscile de un sabor a otro. Y ahí viene la sorpresa. Al buscar diferencias en la forma en que los neutrinos o antineutrinos cambian de sabor, se ha descubierto que los primeros parecen tener muchas más probabilidades de hacerlo que estos últimos. Se trata de un descubrimiento extraordinario. Resulta que los neutrinos y antineutrinos no son necesariamente un reflejo especular unos de otros, sino que se comportan de forma distinta. Por este logro, el 15 de abril de 2020 la revista *Nature* sacó al Super-K en su portada, con el jubiloso titular: «Se ha roto el espejo».

6

A la espera de una revolución

Hay dos voces narrativas que, entrelazadas o en contrapunto, nos hablan del universo: la luz y la gravedad.

En el relato que surge, lo invisible es la regla; y lo que podemos observar, solo una excepción.

Empecemos por esa pequeña porción del mundo que resulta accesible a nuestros ojos. La luz que podemos percibir, la radiación visible, abarca solo una fracción infinitesimal de la inmensidad de longitudes de onda que forman el espectro electromagnético.

La que nos permite observar el mundo e intentar atisbar más allá es tan solo una diminuta rendija de radiación. Nos hallamos inmersos, pues, de forma más o menos consciente, en una realidad cósmica que no se manifiesta, que no podemos ver. Esa oscuridad que nos asusta no es una cualidad inherente a la noche: es el efecto de nuestra ceguera, de nuestra imposibilidad de percibir más.

Sin embargo, es en la franja de ondas electromagnéticas del espectro visible donde residen los colores o, mejor dicho, donde radica la percepción de los colores que el ojo capta y el cerebro procesa. Los extremos rojo y violeta, límites de la radiación visible, son los márgenes dentro de los cuales la luz blanca se descompone en los matices que integran el arcoíris. Fuera de esa pequeña burbuja del espectro que se nos ha concedido, todo es gris.

Lo invisible de lo que nos habla la luz posee, pues, una naturaleza distinta de lo que oculta o revela la gravedad. Tiene un origen subjetivo. Es invisible por cuanto inaccesible. Para descubrirlo y poder observarlo tenemos que recurrir a tecnologías cada vez más sofisticadas. Con telescopios, detectores e instrumentos diversos se nos revelan realidades confinadas a longitudes de onda remotas. Como destellos. De sucesos extremos, como la aniquilación materia-antimateria o las explosiones de supernovas, surgen estallidos de rayos gamma, las ondas más energéticas que existen. En el «cielo de microondas» encontramos la primera imagen posible, la de los primeros fotones nacidos tras el Big Bang, un fondo cósmico de luz primigenia que impregna el universo y lo acompaña en su expansión. Antiguas galaxias, planetas en formación y mil maravillas más descubiertas al observar la extremadamente fría radiación infrarroja.

Así, en un constante escudriñar, cartografiar, sondear, medir, el universo se ha ido poblando poco a poco. Un universo rico, riquísimo, a veces violento, asombroso, y, en cualquier caso, en transformación: alrededor de cien mil millones de galaxias observables, cada una con cientos de miles de millones de estrellas; multitud de planetas, cometas, meteoritos y asteroides que atraviesan como flechas la oscuridad, y luego gas y polvo interestelar que llenan distancias infinitas. Y, sin embargo, todas esas maravillas, todos los objetos cósmicos que emiten luz, representan tan solo un 5% de todo lo que hay en el cosmos. «Asedio de lo visible - fuerza de lo invisible», como sintetiza el título de un poema de Valerio Magrelli. La porción que se nos escapa es un inmenso 95%, transparente al paso de la luz, indiferente a la presencia de fotones, con los que, misteriosamente, no interactúa.

De lo que falta y se oculta, de ese apabullante 95 %, solo puede hablarnos la gravedad. Es la parte «sombría» del relato. La de un cosmos misterioso, impregnado por una nueva y oscura forma de materia que no está hecha de átomos; que se expande y acelera bajo la influencia de una energía igualmente oscura; y que acaso forme parte de un multiverso que podría ocultar otras dimensiones entre los pliegues del espaciotiempo.

Si nos fijamos únicamente en la materia que llena el universo, constatamos que el 85 % de ella es un absoluto misterio. Los primeros indicios de esta presencia invisible se remontan a comienzos de la década de 1930. El astrónomo suizo Fritz Zwicky acababa de empezar a trabajar con Hubble después de trasladarse a Estados Unidos en 1925 para llevar a cabo una investigación en Caltech (el Instituto Tecnológico de California). No tardó en detectar una contradicción inexplicable en lo que parecía ocurrir en el cúmulo de galaxias de Coma, a unos 320 millones de años luz de la Tierra. Centrándose en este rico y luminoso cúmulo de miles de galaxias, en su mayoría muy antiguas, de color rojo y de forma elíptica, midió su masa basándose en dos métodos distintos: uno partía de su luminosidad, mientras que el otro recurría por primera vez a un teorema prestado de la mecánica estadística, el teorema del virial, que permitía deducir las masas de las galaxias a partir de su velocidad. Al comparar los resultados descubrió que, claramente, había algo que no cuadraba: la velocidad a la que se desplazaban las galaxias era muy superior a la que resultaba compatible con la cantidad de materia visible observada; a tales velocidades no habría sido posible que el cúmulo se mantuviera compacto y estable. Fue así como surgió por primera vez la duda: la posibilidad de una presencia que la luz no delata, y que, sin embargo, «cuenta», en tanto interviene a escala gravitatoria en los delicados equilibrios del universo. La hipótesis postulada era bastante revolucionaria. Las galaxias, así como el espacio que las separa, estarían impregnadas de un nuevo tipo de materia increíblemente peculiar, la denominada *Dunkle Materie*, o materia oscura. «Oscura» porque no emite ni absorbe ninguna forma de radiación electromagnética y, por tanto, resulta invisible, pero también porque no interactúa en modo alguno con la materia ordinaria, salvo a través de la atracción gravitatoria que ejerce o de otras interacciones extremadamente débiles.

Presentada en 1933, en la revista de la Sociedad Suiza de Física, la hipótesis fue acogida con escepticismo, y la discrepancia con los resultados de Hubble se atribuyó a meros tecnicismos. Hoy sabemos que la *Dunkle Materie* no solo es real, sino predominante.

Después de Zwicky nadie abordó la cuestión durante varias décadas. Pero cuarenta años después, en una nueva medición, surgió la segunda anomalía.

La astrónoma Vera Rubin (la primera mujer a la que, a mediados de la década de 1960, se le permitió realizar observaciones usando los potentes telescopios del Observatorio del Monte Palomar, en California) estudiaba, junto con su colega Kent Ford, la relación entre velocidad de rotación de las estrellas alrededor del centro de galaxias espirales y su distancia respecto a este. La teoría de la gravedad de Newton, pero también la relatividad general, así como la evidencia de lo que sucede en el Sistema Solar, hacían pensar que dicha velocidad de rotación debería disminuir conforme la estrella se desplaza del centro hacia la periferia. Pero no parecía ser eso lo que ocurría. Lo que observaron Rubin y Ford fue sorprendente: a partir de un punto determinado, la velocidad con la que las estrellas se alejaban del centro se mantenía constante; no daba señales de disminuir como cabría esperar. En un artículo publicado en 1980, los dos científicos trazaron la curva de velocidad de las estrellas de numerosas galaxias, incluida nuestra vecina Andrómeda, observando que su velocidad de rotación resulta ser independiente de la distancia al núcleo de la galaxia. Como ocurriera con las observaciones de Zwicky en la década de 1930, parecía que la única forma de dar sentido a aquella «rareza» era aceptar que toda galaxia se hallaba inmersa en algún tipo de elemento oscuro pero gravitatoriamente activo.

La genial intuición del físico suizo volvió a saltar entonces a la palestra, y sería definitivamente aceptada en la década de 1980, después de su muerte. Desde entonces no han dejado de surgir las más diversas hipótesis sobre el origen de la materia oscura. Pero la respuesta, el modelo perfecto, aún está por llegar. Y el asunto resulta apasionante, porque es en esta clase de búsqueda donde florece la ciencia, la irresistible seducción de lo que se nos escapa, el atractivo de una respuesta apenas vislumbrada.

En cualquier caso, no es poco lo que sabemos de la materia oscura. Las estimaciones actuales inducen a pensar que, como una etérea urdimbre, la materia oscura envuelve las galaxias dándoles las formas que observamos, se extiende por el espacio intergaláctico y representa más de las cinco sextas partes de la materia de todo el universo, amén de desempeñar un papel fundamental en su formación. A diferencia de la materia ordinaria, que puede dispersar su energía emitiendo ondas electromagnéticas (como, por ejemplo, cuando una estrella despide luz), la materia oscura no irradia, de manera que, por su propia naturaleza, conserva más su energía y es más estable. Debido a ello, tiende a formar con mayor lentitud estructuras compactas que resultan ser también más duraderas en el tiempo. Su influencia gravitatoria permitió a la materia ordinaria adensarse con la suficiente rapidez para sobrevivir a la expansión del universo durante el periodo de formación de las estructuras primigenias, dando origen a enormes agregados como los supercúmulos de galaxias. Hoy la encontramos organizada en cúmulos y filamentos galácticos que acogen, que abrazan, la materia ordinaria, la materia luminosa, de la que se compone todo aquello de lo que tenemos experiencia directa en el cosmos. La Vía Láctea, las otras galaxias y los cúmulos de galaxias han tomado forma en concentraciones de materia oscura, crisoles cósmicos que hoy, a escala local, contrarrestan la expansión del universo impidiendo que las galaxias se disgreguen.

El debate científico sobre la naturaleza de este nuevo tipo de materia sigue abierto, y el análisis de sus posibles descripciones está en manos de la física de partículas. El modelo estándar de la física de las partículas elementales da cabida, hasta la fecha, a un total de 37 de ellas: un fotón (mediador de la fuerza electromagnética), ocho gluones (mediadores de la fuerza fuerte), dos bosones W y un bosón Z (mediadores de la fuerza débil), seis leptones (el electrón, el muón, el tauón, el neutrino electrónico, el neutrino muónico y el neutrino tauónico), 18 quarks y una partícula (o bosón) de Higgs; a ellas habría que añadir el gravitón, mediador de la fuerza gravitatoria, que hasta el momento no se ha observado aún. Estas partículas están vinculadas entre sí por una compleja red de interacciones debidamente calibradas. Añadir nuevas partículas al sistema no resulta nada fácil, pero algunos modelos teóricos especulativos contienen de por sí algunas que podrían tener las características adecuadas para describir la materia oscura.

El modelo cosmológico estándar, el que actualmente reúne todos los ingredientes para explicar la formación y la evolución de las estructuras cósmicas partiendo de la relatividad general e incluyendo la materia oscura, exige que esta última esté integrada por partículas «frías», de baja energía, que interactúen muy débilmente entre sí y con la materia ordinaria. Es un modelo convincente, que reproduce de forma adecuada la estructura del universo desde la escala cosmológica hasta la de las galaxias. Aun así, hay fenómenos astronómicos que no pueden entenderse si pensamos que la materia oscura está formada solo por partículas en el sentido clásico del término, y que parecen requerir, en cambio, una formulación distinta de la ley de la gravedad. Nos referimos a esta clase de teorías con el acrónimo MOND, derivado de Modified Newtonian Dynamics (dinámica newtoniana modificada), porque se basan en la introducción de modificaciones en el segundo principio fundamental de la dinámica, el que establece que la fuerza a la que está sometido un cuerpo es igual al producto de su masa por la aceleración que se le imprime. En las teorías MOND, en cambio, la relación entre fuerza, masa y aceleración resulta más compleja, y permitiría resolver, por ejemplo, la cuestión de la discrepancia observada en la velocidad de rotación de las estrellas en las galaxias sin necesidad de recurrir a la materia oscura. Hasta la fecha no existe ninguna formulación convincente asociada a estas teorías, por lo que siguen siendo todavía incompletas y muy cuestionables.

Varios estudios han tratado de formular hipótesis especulativas capaces de conciliar las dos visiones: la concepción de la materia oscura en forma de partículas y las teorías de la gravedad modificada. Una de tales hipótesis, postulada por los físicos Lasha Berezhiani y Justin Khoury en 2015, se inspira en uno de los fenómenos más fascinantes de la física: la denominada transición de fase; como, por ejemplo, cuando el agua se convierte en hielo.

Las transiciones de fase pueden definirse como cambios tan drásticos en el comportamiento de un sistema físico que requieren una descripción matemática completamente distinta. Cuando el agua pasa del estado líquido al gaseoso, por ejemplo, su comportamiento cambia de manera radical, y lo mismo ocurre con las ecuaciones que se utilizan para describirla. En el caso de la materia oscura, los dos físicos mencionados postularon que, en las galaxias, podría comportarse como lo que se denomina un «superfluido», un sistema carente de fricción interna y caracterizado por el comportamiento colectivo de las partículas que lo integran: en concreto, gracias a los efectos cuánticos, estas serían capaces de interactuar aunque estuvieran separadas por grandes distancias. La materia oscura superfluida podría haberse generado mediante una transición de fase que comportaría el paso de una descripción en términos de simples partículas a otra en términos de un campo que interactúa con la gravedad.

Aunque hasta la fecha la teoría de los superfluidos es una hipótesis puramente especulativa, se basa en algunas observaciones, y nos permite concebir la materia oscura como un gas de partículas que impregnan el universo y se condensan en gotas en torno a las galaxias, de manera similar a como el vapor de agua se condensa en el aire debido a la presencia de polvo atmosférico.

Independientemente de la validez de esta teoría, la imagen de la materia oscura convirtiéndose en lluvia aun permaneciendo invisible no deja de ser maravillosa.

En 1917, Einstein cometió un error del que se percataría tiempo después. Las ecuaciones que describían el universo en base a la teoría de la relatividad general sugerían un universo dinámico. La presencia de materia y radiación en las ecuaciones introducía un elemento de inestabilidad, la perspectiva de una expansión o contracción con la que Einstein no contaba. Para recuperar un universo estático e inmutable, decidió entonces añadir a sus ecuaciones un artificio matemático, la denominada constante cosmológica (o lambda, denotada por el símbolo Λ), que alteraba la formulación geométrica de las ecuaciones y permitía una solución estática. Con el tiempo, la teoría del Big Bang, que describía un universo en expansión, acabaría imponiéndose gracias a las observaciones de Hubble y de Lemaître sobre el alejamiento de las galaxias a finales de la década de 1920, la observación de la radiación cósmica de fondo en la de 1960 y la *spectacular realization* de Alan Guth, la genial intuición que subyace a la teoría de la inflación cósmica, a finales de la de 1970. Existía, no obstante, la convicción de que la expansión se había desacelerado y que era la atracción gravitatoria de las propias galaxias lo que la ralentizaba. La constante cosmológica se había vuelto superflua.

En 1998, dos equipos de astrónomos, mediante observaciones realizadas de forma independiente pero en perfecta sincronía, llegaron a una asombrosa conclusión: la expansión del cosmos se está acelerando. Los físicos Saul Perlmutter, del Proyecto Cosmológico de Supernovas (Supernova Cosmology Project), y Adam Riess y Brian Schmidt, del Equipo de Investigación de Supernovas de Gran Z (High-Z Supernova Search Team, donde Z indica el desplazamiento hacia el rojo), se dieron cuenta de ello porque observaron que la distancia de algunas supernovas era mayor de lo esperado, lo cual solo resultaba compatible con un universo que se dilata más rápidamente de lo previsto. Fue un descubrimiento increíble y digno del Premio Nobel, que los tres científicos obtuvieron de hecho en 2011. Y con el misterio de la energía oscura (expresión utilizada por primera vez por el cosmólogo Michael Turner a finales de la década de 1990) venía a transformarse, una vez más, nuestra concepción del universo.

Que los científicos supieran, el único impulso hacia delante que había recibido el universo se había producido en el momento de su génesis. Pero el empuje del Big Bang por sí solo no era compatible con la aceleración perpetua observada. Las mediciones solo podían explicarse añadiendo la intervención de un mecanismo distinto, imaginando una especie de misterioso «motor» cósmico que, trabajando contra la gravedad, dilata el espaciotiempo a un ritmo cada vez más rápido. Una entidad, invisible y extraña, que actúa como antagonista de los esfuerzos de atracción de la materia. Algo que empuja, mientras la gravedad frena.

Con las observaciones de Perlmutter, Riess y Schmidt, la evidencia de una expansión acelerada del universo trae de vuelta la constante Λ que Einstein había «forzado» en sus ecuaciones más de ochenta años antes para restaurar un universo estático. La constante cosmológica, antaño una estratagema matemática, adquiere un valor físico activo, uniéndose a la materia y la energía en la conformación de la geometría del espaciotiempo. Pero con una diferencia: en las ecuaciones de Einstein la materia y la energía tienen siempre un valor positivo, mientras que la constante cosmológica puede adoptar tanto un signo positivo o negativo, con efectos dinámicos opuestos. La constante cosmológica negativa ejerce una función de atracción que, al añadirse a la ecuación de la relatividad general, actúa desacelerando, o equilibrando, el universo en expansión. Con el signo opuesto, en cambio, su efecto se vuelve repulsivo, una especie de antigravedad que se manifiesta en una expansión acelerada. Una Λ positiva o negativa, y la dinámica del universo cambia por completo.

Se trataba ahora de comprender cuál era la auténtica naturaleza de la constante cosmológica, un parámetro hoy indispensable en los modelos cosmológicos, que actúa como una fuerza de repulsión constante y cuyo valor cambia en función del modelo teórico considerado; y que parece depender, al menos en parte, de un concepto paradójico que resulta emocionante imaginar: la energía del vacío. Es sorprendente pensar en ello, pero en el espacio, como en la oscuridad, vacío no significa ausencia. Durante brevísimos intervalos de tiempo se crean y destruyen partículas y antipartículas debido a las fluctuaciones de los campos cuánticos. En general, dichas fluctuaciones se anulan mutuamente, y parece que de hecho no existen. Pero a escala cosmológica todo ese ajetreo deja un rastro: produce una densidad de energía media que impregna las fibras del espacio-tiempo «vacío», carente de materia y energía, de manera uniforme. La constante cosmológica puede concebirse como una «energía del punto cero», es decir, la resultante de la energía del estado fundamental de todos los estados energéticos posibles de todas las partículas y campos presentes en el universo.

Basándose en las leyes de la física cuántica, los físicos han calculado su valor teórico y se han tropezado con un nuevo dilema: el valor de la constante cosmológica que resulta de los cálculos matemáticos es muchísimo mayor que el valor medido experimentalmente observando la aceleración de las galaxias. La diferencia es de nada menos que 120 órdenes de magnitud, es decir, un 10 seguido de 119 ceros; una discrepancia que los cosmólogos han denominado la «catástrofe del vacío» o el «problema de la constante cosmológica». Se trata de un problema todavía por resolver, que ha llevado a formular teorías que introducen nuevos campos cuánticos cuyas fluctuaciones podrían contrarrestar la energía del punto cero del vacío hasta obtener el valor, ínfimo pero positivo, observado experimentalmente para la constante cosmológica.

Por ahora solo se trata de especulaciones. Sin embargo, independientemente de su origen, ya sea fruto de las fluctuaciones del vacío o de algún nuevo campo cuántico desconocido, sabemos que la energía oscura es una especie de presión negativa, un impulso de expansión; una forma de energía que impregna todo el cosmos, que no se aglutina, que mantiene la misma densidad en cualquier punto del espacio y del tiempo, y no se diluye con la expansión del universo. Es esta invariabilidad en el tiempo la que legitima la designación de constante cosmológica para referirse a la forma más simple de energía oscura.

La energía oscura no es transportada ni por partículas ni por ningún tipo de materia, y aunque ha estado presente en el universo desde su origen, ha tenido que esperar largo tiempo para imponerse. Al principio de la evolución del universo gran parte de la energía era transportada por la radiación. Sin embargo, dado que esta última se diluía con mayor rapidez que la materia, conforme el universo se expandía fue pasando a un segundo plano. Fue la materia la que entonces tomó el «relevo», convirtiéndose en la principal fuente de aportación energética. Mucho más tarde en el proceso evolutivo le llegó el turno a la energía oscura, que, al no diluirse nunca, pasó a adquirir ventaja. Actualmente la energía oscura representa alrededor del 69 % de la densidad energética total del universo. Es el acelerador que alimenta la expansión del espaciotiempo desde los primerísimos instantes de vida del cosmos, que está enzarzado en un incesante tira y afloja con la acción aglutinadora de la materia y la energía ordinarias; un equilibrio del que depende el destino del universo. Hoy, sin embargo, el auténtico misterio no es la existencia de la energía oscura, puesto que la mecánica cuántica y la teoría de la relatividad general no solo la justifican, sino que de hecho predicen su existencia y sus consecuencias físicas. La cuestión que sigue abierta es, más bien, por qué, al medir su densidad, resulta ser tan baja. Y lo que esa realidad oculta.

En la carta que le escribe a su joven vástago, el reverendo John Ames, el pastor casi octogenario que protagoniza la novela *Gilead*, de Marilynne Robinson, pregunta:

> ¿Cuándo descubriste todo lo de la despensa? Siempre guardamos ahí las cosas que queremos ocultarte. Ahora que lo pienso, la mitad de todo lo que hay en la despensa siempre ha estado ahí para que alguno de nosotros no lo encontrara.

Tales son los ingredientes del universo: la materia ordinaria, y luego, *en la despensa*, la materia oscura y la energía oscura. Según las últimas estimaciones, un 5% del universo está constituido por materia ordinaria, átomos que emiten luz, lo que marca el perímetro de la zona de confort con respecto a lo que no la emite; alrededor del 26% de esa imaginaria tarta cósmica está formado por materia oscura, mientras que la energía oscura resulta ser la porción dominante, con un imponente 69% del total de semejante inmensidad. Y hay una pequeña pieza más que participa en la composición del universo: los neutrinos; una esquiva vocecita que se une a las de la luz y la gravedad, contribuyendo así al gran relato.

Los componentes oscuros emergen del cosmos mostrándose a través de sus efectos, dejando algunos indicios aquí y allá, pero hasta ahora ninguna prueba de su naturaleza. Por eso es importante poder observar una porción muy vasta del universo para captar sus efectos a gran escala. El telescopio espacial Euclid, de la Agencia Espacial Europea, tiene por objetivo elaborar un mapa tridimensional del universo que nos permita conocer su forma y estructura, asignando coordenadas espaciotemporales muy precisas a todas las galaxias que observe de aquí a diez mil millones de años atrás. Al reconstruir progresivamente el mapa de la materia del universo, Euclid nos ayudará a comprender cómo los componentes oscuros le dan forma al tiempo que la atraviesan. A sus resultados se unirán los de otras misiones que escrutarán también los misterios del universo oscuro, como el telescopio espacial Nancy Grace Roman (conocido también como WFIRST), de la NASA; el Observatorio de la Energía Oscura (o DES, por sus siglas en inglés), también en Estados Unidos, y el telescopio del Observatorio Vera C. Rubin (también conocido como LSST), en Chile. La cantidad y calidad de los datos aportados por el telescopio espacial Euclid permitirán asimismo poner a prueba posibles modificaciones de la teoría de la relatividad general; verificar si realmente necesitamos encontrar una explicación alternativa a lo que interpretamos como energía oscura adaptando la ley de la gravedad a las vastísimas escalas cosmológicas.

Comprender la naturaleza de la energía y la materia oscuras es un reto apasionante y complejo basado en pruebas indirectas y evidencias ocultas. La imagen más profunda del universo la constituyen, obviamente, los primeros rayos de luz que emergieron de la oscuridad unos 380.000 años después del Big Bang, la radiación cósmica de fondo. Un día, la observación de las ondas gravitatorias primigenias podrá decirnos más sobre lo que ocurrió antes de aquella época, en los capítulos iniciales de la historia de un cosmos caliente, denso y opaco para nosotros.

Los modelos inflacionarios de Alan Guth concilian con elegancia algunas incoherencias entre las observaciones y la teoría del Big Bang. Sin embargo, falta una pieza: no contemplan un mecanismo que pueda poner fin a la rapidísima expansión inflacionaria. A finales de la década de 1980, algunos estudiosos empezaron a preguntarse qué ocurriría en el caso de que dicha expansión no terminara nunca. Los cálculos sugerían una hipótesis fascinante: la idea de que el universo estaría sometido en realidad a una inflación «eterna», que de hecho podría haberse producido varias veces, dando lugar a la formación de innumerables «bolsas» o «bolsillos» de espaciotiempo rebosantes de materia y radiación: auténticos universos independientes, burbujas de quietud, al abrigo de la arrolladora expansión inflacionaria, suspendidas en un multiverso en perenne expansión; mundos en sí mismos, pues, inalcanzables, cada uno regido por sus propias leyes físicas, con constantes fundamentales específicas, y animados por partículas que podrían haberse formado por mecanismos distintos de los que conocemos. En la nueva perspectiva de la inflación infinita, el propio universo no sería sino una de tales burbujas, tan solo una versión de las posibles configuraciones aleatorias de materia y energía generadas por la inflación.

La cuestión de por qué las constantes fundamentales del universo tienen valores extremadamente precisos, que resultan ser los únicos compatibles con nuestra existencia, pierde su sentido. Se diluye la tentación de un principio antropocéntrico. Al igual que la cuestión de por qué la energía oscura exhibe un valor tan peculiar: en principio, cada bolsa/burbuja podría tener sus propias constantes fundamentales y su propia densidad de energía oscura, diferentes de las demás. Nuestra burbuja es simplemente la única que habitamos, la que posee los parámetros y la cantidad de energía apropiados para garantizar el desarrollo de un universo con las características que observamos.

Un nuevo paradigma que asesta un duro golpe a la última ilusión de que nuestro mundo pueda poseer algún tipo de «centralidad». El universo al que pertenecemos no es especial, ni mucho menos único.

Como escribe el astrofísico Michel Cassé:

La ciencia es una larga lucha contra el geocentrismo y el antropocentrismo, un descentramiento progresivo que suscita dolor narcisista en unos, y éxtasis y liberación en otros.

Para algunos, la idea de un multiverso poblado por numerosos «universos de bolsillo» regidos por leyes físicas distintas, por más que extraña en principio, podría verse corroborada por un elemento bastante importante en el rompecabezas de la física teórica contemporánea: la teoría de cuerdas.

Empecemos por la materia. La teoría del modelo estándar nos brinda una descripción de todos los constituyentes de la materia en la forma de las partículas elementales y sus interacciones fundamentales. Si penetramos en la materia como si abriéramos una muñeca rusa, encontramos el átomo, con un núcleo en su interior compuesto de neutrones y protones, y, profundizando aún más, llegamos a los que serían sus elementos constitutivos últimos, los quarks. Todas las partículas carecen de masa intrínseca, pero la adquieren mediante la interacción con una partícula fugaz, el bosón de Higgs, observada en 2012 gracias al ya mencionado acelerador de partículas LHC (o Gran Colisionador de Hadrones) del CERN.

Actualmente la teoría de cuerdas es una de las más acreditadas* para explicar la existencia de todas las partículas previstas en el modelo estándar. Pero eso no es todo. Se trata asimismo de una teoría que permite dar respuesta a una de las cuestiones centrales de la física moderna: cómo integrar los principios de la relatividad general con los de la mecánica cuántica y remontarse al origen microscópico de todas las fuerzas fundamentales, incluida la gravedad.

Según la teoría de cuerdas, los constituyentes últimos de la materia no son «puntiformes», como imaginamos los quarks y los leptones. Hay un nivel ulterior. Si penetramos más a fondo encontramos algo más: los elementos fundamentales de la materia, filamentos de energía que, vibrando a determinadas frecuencias específicas, generan las partículas que observamos, de manera similar a como las cuerdas de un violín producen una gran variedad de notas en función de la vibración a la que se las somete. Dichas cuerdas pueden exhibir dos formas distintas: cerradas o abiertas. Las cuerdas cerradas, libres de propagarse en cualquier dirección del espacio, describen el comportamiento de los gravitones (las partículas mediadoras de la gravedad, que hasta la fecha no se han observado directamente). Las cuerdas abiertas solo están presentes en las cuatro di-

* Aunque con limitaciones, y no sin oposición.

mensiones del espaciotiempo, describen el comportamiento de los mediadores de las fuerzas fundamentales, como los fotones o los gluones, y están unidas por los extremos a unas membranas multidimensionales denominadas D-branas (abreviatura de «membranas de Dirichlet»). Los puntos de enganche de las cuerdas en las D-branas pueden concebirse como partículas puntiformes. También podríamos pensar en nuestro universo como una pila tridimensional de D-branas con tantas cuerdas unidas a ella que a nuestros ojos parecen partículas.

A diferencia de la relatividad general, la teoría de cuerdas, para ser matemáticamente coherente, requiere la existencia de más de tres dimensiones espaciales. En algunas formulaciones se predicen hasta 25 dimensiones espaciales; en otras, 9 o 10. Las dimensiones adicionales, presentes al inicio del universo, podrían haberse compactado o «enrollado» con el tiempo hasta alcanzar volúmenes imperceptibles para los sentidos humanos. Su existencia solo podría verificarse mediante experimentos que implicaran energías extremadamente altas.

Dimensiones adicionales; dimensiones enrolladas: increíble, pero posible. Nosotros, «newtonianos terrestres», percibimos el espacio de forma tridimensional: podemos atribuir a cada objeto altura, longitud y profundidad. Para comprender cómo es posible vivir en un mundo que para nosotros es tridimensional, pero que en realidad incluiría otras dimensiones espaciales adicionales ocultas, debemos aceptar la limitación que suponen nuestros sentidos en la capacidad de percibir realidades que se nos escapan.

Imaginemos que solo pudiéramos ver lo que ocurre sobre el tablero de una mesa, es decir, que tuviéramos una visión puramente bidimensional del mundo, lo cual excluiría la posibilidad de percibir la tercera dimensión, la vertical. Dos fichas se lanzan con fuerza una contra otra sobre la mesa. Si el choque entre ambas se produce con la suficiente energía, una de las dos fichas saltará fuera de nuestro plano de observación. En nuestra visión limitada a la mesa, la veremos desaparecer, como si ya no existiera, cuando en realidad solo ha ido a parar a una dimensión espacial (la vertical) de la que no tenemos visión directa, pero que, sin embargo, existe. Podría darse un efecto similar con las dimensiones espaciales predichas por la teoría de cuerdas.

La existencia de dimensiones adicionales también aporta una solución interesante al aparentemente inexplicable «problema de jerarquía». Como hemos visto, la fuerza gravitatoria es con mucho la más débil de las cuatro interacciones fundamentales: nada menos que 40 órdenes de magnitud más débil que la fuerza nuclear fuerte. Dado que las cuerdas cerradas —que median la fuerza gravitatoria— pueden moverse en todas direcciones, parte de la intensidad del campo gravitatorio se disiparía en el seno de las dimensiones compactas; la gravedad sería, pues, como un manantial de agua que se diluye en mil riachuelos. Las demás fuerzas, como la electromagnética, están mediadas por cuerdas abiertas y, por lo tanto, destinadas a propagarse solo en las dimensiones espaciotemporales que observamos, sin disiparse en las dimensiones adicionales.

Es complicado concebir la existencia de dimensiones grandes, fáciles de ver, junto a otras diminutas, enroscadas, tan pequeñas que no las vemos aunque estén a nuestro alrededor.

En una Charla TED que llevaba por título «Dar sentido a la teoría de cuerdas», el físico Brian Green ponía el siguiente ejemplo. Imagina que observas, por ejemplo, uno de los cables que sostienen los semáforos en Manhattan. Aunque desde la distancia el cable parece unidimensional, en realidad tiene un cierto grosor, fruto del trenzado de numerosas fibras que resulta difícil distinguir de lejos. Pero si nos acercamos y adoptamos la perspectiva de una diminuta hormiga que camina sobre el cable, tendremos acceso a todas sus dimensiones: no solo la longitud, sino también la dirección horaria y antihoraria en las que se puede recorrer el trenzado de las fibras del cable.

Podemos imaginar, pues, que las grandes dimensiones son aquellas de las que tenemos experiencia, pero que podría haber dimensiones adicionales enrolladas, como las fibras circulares del cable, cuyas torsiones permanecen invisibles a nuestros ojos.

Dimensiones enrolladas o «compactadas» de distintas maneras producirían las interacciones entre las partículas elementales. En nuestro universo, las leyes y constantes de la física dependen de cómo estén enrolladas las cuerdas.

Las teorías de cuerdas predicen la existencia de diversas dimensiones espaciales adicionales, que pueden replegarse sobre sí mismas de infinidad de formas distintas. Se calcula que el número de «compactaciones» capaces de producir leyes físicas plausibles es igual o superior a diez elevado a la potencia 500: es decir, que habría un 10 seguido de 499 ceros de universos posibles; un escenario conocido como *string landscape*, «paisaje de cuerdas». Podemos imaginar que en este escenario cada tipo distinto de teoría de cuerdas describe alguno de los universos producidos durante la inflación eterna: las dimensiones adicionales en burbujas distintas pueden enrollarse de formas diversas, dando lugar a universos con constantes físicas de diferentes valores.

La inflación cósmica, pues, podría darse constantemente en rincones distantes del cosmos, creando universos que forman parte de un inmenso «multiverso» que los contiene. E incluso nuestro propio universo no sería más que una de las burbujas de esta espuma cósmica.

Es difícil saber cuál será el destino de nuestro universo.

La teoría más aceptada actualmente nos encamina hacia un «Big Freeze», un universo que se congela. La cantidad estimada de energía oscura parece ser lo bastante alta como para garantizar una expansión indefinida del universo, pero no lo suficiente como para superar la atracción gravitatoria que mantiene unidas a las galaxias. Cuando inevitablemente cada estrella llegue al final de su ciclo vital, el universo estará dominado por agujeros negros que, según la hipótesis de Stephen Hawking, al emitir radiación debida a efectos cuánticos, se evaporarán poco a poco.

Al final habrá una muerte térmica, un estado en el que la energía se distribuirá de manera uniforme en un universo en equilibrio total. Como canta Bob Dylan en «Not Dark Yet», todavía no está oscuro, pero un día lo estará.

Otros escenarios posibles incluyen un universo oscilante en el que se produciría un «Big Bounce», o gran rebote. En este modelo, el universo tendría su propio ritmo respiratorio: a cada fase de expansión le correspondería una fase de contracción opuesta, un «Big Crunch», o gran implosión, donde la materia se adensaría, las temperaturas aumentarían y las partículas elementales volverían a moverse independientemente unas de otras, liberándose de los núcleos, hasta alcanzar niveles de concentración que podrían desencadenar una nueva expansión y una nueva creación.

Si la constante cosmológica no fuera realmente constante, también podría producirse un violento desgarro, o «Big Rip», que llegaría a rasgar toda la materia e incluso el espaciotiempo.

En una de sus más célebres frases, Blaise Pascal sintetizaba así un estado de ánimo bien definido: «Me turba el silencio eterno de esos espacios infinitos». Es difícil alzar la vista y permanecer indiferente.

Materia oscura. Energía oscura. Antimateria. Multiverso. Gravedad cuántica. Misterios. Destino.

Navegamos entre puntos de referencia cambiantes, convicciones que hemos dejado atrás, observaciones que nos sorprenden, tecnologías que evolucionan. Impacientes. A la espera de más mediciones, de preguntas inéditas y nuevas intuiciones. Es un anhelo inagotable. La mayor de las aventuras.

Ayer me porté mal en el cosmos.
Viví todo el día sin preguntar por nada,
sin sorprenderme de nada.

...

El cósmico savoir-vivre
aunque calla sobre nuestro asunto,
exige, sin embargo, algo de nosotros:
una cierta atención, un par de frases de Pascal
y una sorprendente participación en este juego
de reglas desconocidas.

Wislawa Szymborska, «Falta de atención»

Agradecimientos

Son muchas las personas y los amigos a quienes me gustaría dar las gracias por la generosidad y la paciencia con la que me han acompañado durante esta aventura. Mencionaré a algunos. Jeff Israely, que me animó por primera vez a plasmar en un libro las historias que me gusta contar. Michel Cassé, astrofísico y poeta, por nuestras preciosas conversaciones, ocasiones de extraordinaria inspiración. Mi amigo de toda la vida, Massimo Bianchi, físico teórico, que nunca elude una pregunta y del que sigo aprendiendo. Por sus atentos consejos, Paolo de Bernardis, astrofísico experimental, a quien debo mi fascinación por los laboratorios, el helio-3 y la radiación fósil. Corrado di Giulio, curioso y exigente lector número uno de este libro. Bianca Cardi, por las puntualizaciones filosóficas. El joven físico de partículas Nicolò Foppiani y sus sugerencias. Mis colegas Paolo Ferri y Fabio Favata. Nicola Curzio, que me preguntó por la resiliencia del universo, y que supo escucharme.

Y doy las gracias, con amor, a Stefano.

Bibliografía

ALPHER, R., BETHE, H., y GAMOW, G.: «The Origin of Chemical Elements», *Physical Review*, LXXIII (1948), n.º 7, pp. 803-804.

ARISTÓTELES: *Física*, introd., trad. y notas Guillermo R. de Echandía, Gredos, Madrid, 1995.

BARNES, Julian: *Niveles de vida*, trad. Jaime Zulaika, Anagrama, Barcelona, 2014.

BRADT, Steve: «3 Questions: Alan Guth on new insights into the "Big Bang"», MIT News, 20 de marzo de 2014 (tinyurl.com/442w674r).

BUONOMANO, Dean: *Your Brain Is a Time Machine: The Neuroscience and Physics of Time*, W.W. Norton, Nueva York y Londres, 2017.

CASSÉ, Michel: «Levée d'astres dans le ciel de la connaissance», en *Généalogie de la matière. Retour aux sources célestes des* éléments, Odile Jacob, París, 2000 (tinyurl.com/38j2pv89).

—: *Energie noire, Matière noire*, Odile Jacob, París, 2004.

—y Morin, Edgar: *Enfants du ciel*, Odile Jacob, París, 2003.

COOPERRIDER, Kensy, y NÚÑEZ, Rafael: «How We Make Sense of Time», *Scientific American*, XXVII (2016), n.º 6, pp. 38-43.

EINSTEIN, Albert: *Sobre la teoría de la relatividad especial y general*, trad. Miguel Paredes, Alianza, Madrid, 2012.

ELIOT, T. S.: «La canción de amor de J. Alfred Prufrock» (1915), en *Prufrock y otras observaciones*, trad. Felipe Benítez, Pre-Textos, Valencia, 2000.

—: «Los hombres huecos» (1925), trad. León Felipe, El Observatorio, Madrid, 1986.

FARMELO, Graham: *The Strangest Man. The Hidden Life of Paul Dirac, Quantum Genius*, Faber & Faber, Londres, 2009.

KEPLER, Johannes: *Astronomia nova* (Praga, 1609), ed. digitalizada en tinyurl.com/4x9exsyj.

GALILEI, Galileo: *Diálogo sobre los dos máximos sistemas del mundo ptolemaico y copernicano* (Florencia, 1632), trad. Antonio Beltrán, Alianza, Madrid, 2011.

GREENE, Brian: *Hasta el final del tiempo: Mente, materia y nuestra búsqueda de significado en un universo en evolución*, trad. Joan Lluís Riera, Crítica, Barcelona, 2020.

—: *El tejido del cosmos: Espacio, tiempo y la textura de la realidad*, trad. Javier García Sanz, Crítica, Barcelona, 2016.

HUBBLE, Edwin: «A Spiral Nebula as a Stellar System, Messier 31», *The Astrophysical Journal*, LCIX (1929), pp. 103-158.

HUGO, Victor: *El promontorio del sueño*, trad. Victoria Cirlot, Siruela, Madrid, 2007.

IMPEY, Chris: *Los monstruos de Einstein: La vida y la época de los agujeros negros*, trad. Josep Sarret, Biblioteca Buridán, Vilassar de Dalt, 2019.

LA CAPRIA, Raffaele: *Herido de muerte*, trad. Pedro L. Ladrón de Guevara, Parténope, Orihuela, 2004.

LEIBNIZ, Gottfried Wilhelm von: «Principios de la naturaleza y de la gracia fundados en razón», en *Monadología. Principios de la naturaleza y de la gracia*, trad. Manuel García Morente, Universidad Complutense, Madrid, 1994.

LEMAITRE, Pierre: «The Beginning of the World from the Point of View of Quantum Theory», *Nature*, CXXVII (1931).

LEOPARDI, Giacomo: *Storia dell'astronomia* (1813), La Vita Felice, Milán, 2014.

MONTALE, Eugenio: «El balcón», en *Las ocasiones* (1939); recopilado en *Poesía completa*, trad., pról. y notas Fabio Morábito, Galaxia Gutenberg, Barcelona, 2006.

Newton, Isaac: *Óptica, o Tratado de las reflexiones, refracciones, inflexiones y colores de la luz* (Londres, 1704), introd., trad., notas e índice Carlos Solís, Alfaguara, Madrid, 1077.

—: *Principios matemáticos de la filosofía natural* (Londres, 1687), trad. Eloy Rada, Alianza, Madrid, 2022.

Pascal, Blaise: *Pensamientos* (1670), trad. Xavier Zubiri, Alianza, Madrid, 2015.

Pessoa, Fernando: *Una sola moltitudine*, 2 vols., ed. Antonio Tabucchi, trad. Rita Desti y Maria José de Lancastre, Adelphi, Milán, 2019.

Popova, Maria: *Figuring*, Faber & Faber, Londres, 2020.

Randall, Lisa: *La materia oscura y los dinosaurios*, trad. José Javier García Sanz, El Acantilado, Barcelona, 2016.

—: *Universos ocultos: Un viaje a las dimensiones extras del cosmos*, trad. Eugenio Jesús Gómez Ayala, El Acantilado, Barcelona, 2011.

Robinson, Marilynne: *Gilead*, trad. Montserrat Gurguí y Hernán Sabaté, Galaxia Gutenberg, Barcelona, 2022.

Schwarzschild Karl: Carta a Albert Einstein escrita el 22 de diciembre de 1915 en el frente oriental ruso; reproducida en *The Collected Papers of Albert Einstein*, vol. 8, Parte A: *The Berlin Years: Correspondence, 1914-1918*, p. 224 (tinyurl.com/2yjeweba).

Szymborska, Wislawa: «Falta de atención», en *Dos puntos*, trad. Gerardo Beltrán y Abel Murcia, Igitur, Tarragona, 2013.

Voltaire: *Elementos de la filosofía de Newton* (Ámsterdam, 1738).

Wheeler, John Archibald, y Ford, Kenneth W.: *Geons, Black Holes, and Quantum Foam, A Life in Physics*, W. W. Norton, Nueva York, 2010.

Wigner, Eugene P.: «The Unreasonable Effectiveness of Mathematics in the Natural Sciences», *Communications in Pure and Applied Mathematics*, vol. 13, n.º 1 (1960).

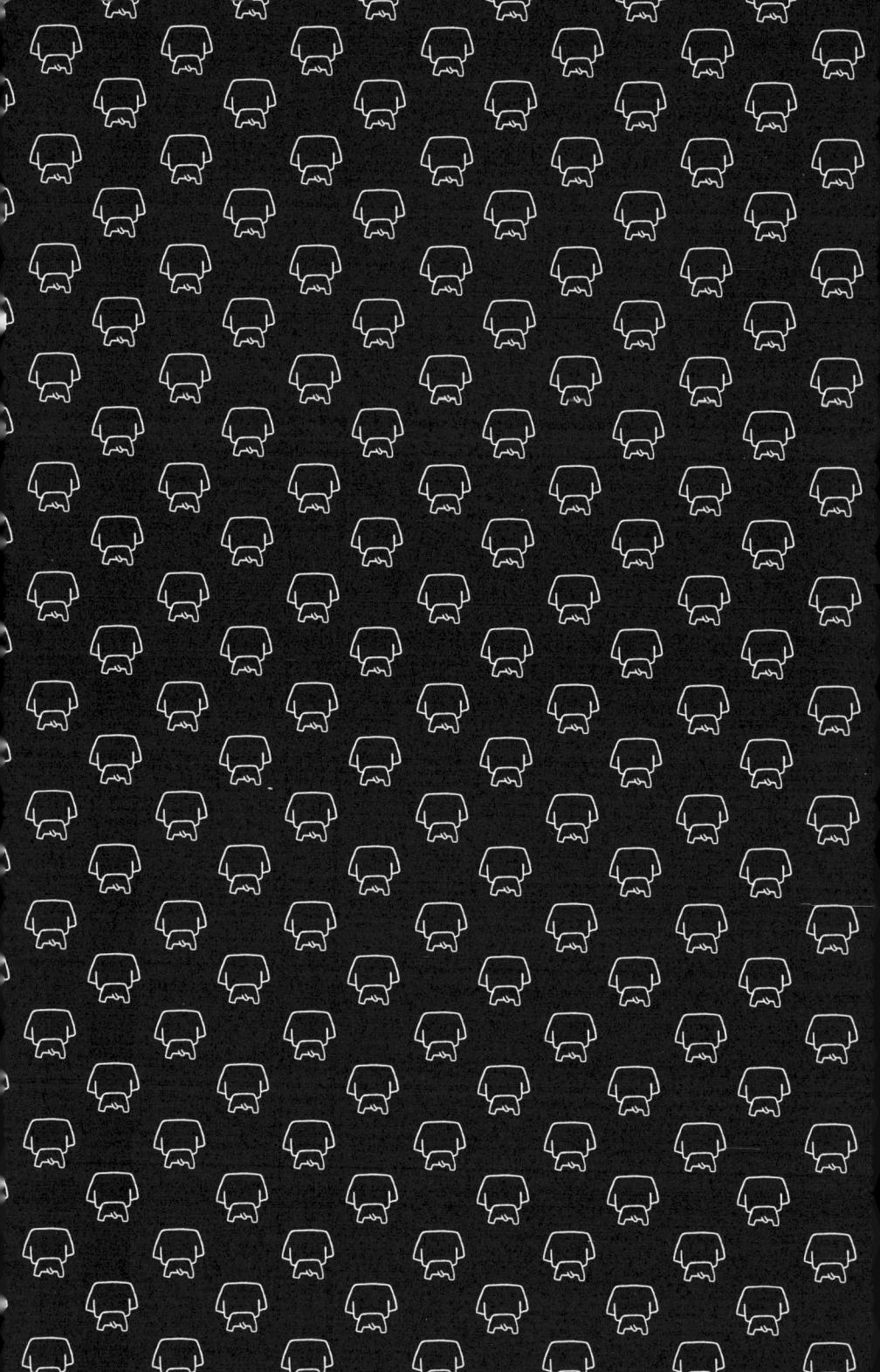